农业轮胎用SBR/TRR共混胶制备、性能及机理分析

徐云慧　张同玉　著

中国矿业大学出版社
·徐州·

内 容 简 介

随着现代工业的发展,废旧橡胶量随之增加,对环境造成了严重的"黑色污染",为了响应国家节能环保要求,我国加大了对再生橡胶循环利用的研究,轮胎再生橡胶已成为主力军。为了改善农业轮胎中低温乳聚 SBR 的加工性能和硫化性能,提高胶料质量,做到资源循环利用,本书对农业轮胎用 SBR/TRR 共混胶制备、性能及机理进行了研究。通过研究确定了 SBR/TRR 共混胶的共混体系(即生胶体系)、填充补强体系、防护体系、硫化体系、软化增塑体系相配合的农业轮胎配方,提出了 SBR/TRR 共混胶较佳的共混方法和硫化方法,发明了性能优、成本低的填充 SBR/TRR 共混胶的农业轮胎胎冠胶和胎侧胶,更大程度上做到了资源循环利用,降低了污染,保护了环境。研究成果对橡胶科技发展、橡胶循环经济和社会发展均有较大的推动作用。

本书可为轮胎技术和再生橡胶技术研究者、工程技术人员、技术管理人员等工作者提供参考。

图书在版编目(C I P)数据

农业轮胎用 SBR/TRR 共混胶制备、性能及机理分析/
徐云慧,张同玉著. —徐州:中国矿业大学出版社,
2023.11

ISBN 978 - 7 - 5646 - 5777 - 2

Ⅰ.①农… Ⅱ.①徐… ②张… Ⅲ.①农业机械—轮胎—橡胶—共混—研究 Ⅳ.①TQ330.1

中国国家版本馆 CIP 数据核字(2023)第 056225 号

书　　名	农业轮胎用 SBR/TRR 共混胶制备、性能及机理分析
著　　者	徐云慧　张同玉
责任编辑	周　红
出版发行	中国矿业大学出版社有限责任公司
	(江苏省徐州市解放南路　邮编221008)
营销热线	(0516)83885370　83884103
出版服务	(0516)83995789　83884920
网　　址	http://www.cumtp.com　E-mail:cumtpvip@cumtp.com
印　　刷	苏州市古得堡数码印刷有限公司
开　　本	787 mm×1092 mm　1/16　印张 10.75　字数 211 千字
版次印次	2023 年 11 月第 1 版　2023 年 11 月第 1 次印刷
定　　价	60.00 元

(图书出现印装质量问题,本社负责调换)

前　言

21世纪是"环保的世纪"，环境与资源已变成人类生存与发展最严峻的挑战，保护环境与节约资源已成为全球共识，可持续发展已成为人类发展不可逆转的潮流。我国是一个资源紧缺的国家，废旧橡胶已成为宝贵资源的一部分，因此如何有效处理和利用废旧橡胶，以实现橡胶工业的可持续发展是人类目前面临的重要问题。

当前，我国废橡胶利用主要分为轮胎翻新、胶粉制备、再生橡胶生产等，其中发展最快的是再生橡胶生产产业，再生橡胶生产所利用的废橡胶已达到废橡胶总量的80%，且多数使用在了轮胎胎面中。本书主要针对轮胎再生橡胶在农业轮胎胎面中的应用进行研究，具体研究内容为农业轮胎用SBR/TRR共混胶制备、性能及机理分析。全书共分9章。第1章总结了农业轮胎的分类、使用、现状及基本性能要求，丁苯橡胶结构和性能，轮胎再生橡胶的用途、现状及判定方法、橡胶共混的概念、共混胶相容性表征方法及共混体系等；第2章阐述了农业轮胎用SBR/TRR共混胶共混体系及机理分析；第3章阐述了农业轮胎用SBR/TRR共混胶填充补强体系及机理分析；第4章阐述了农业轮胎用SBR/TRR共混胶防护体系及作用机理分析；第5章阐述了农业轮胎用SBR/TRR共混胶硫化体系及分析；第6章阐述了农业轮胎用SBR/TRR共混胶软化增塑体系及作用原因分析；第7章分提出了农业轮胎用SBR/TRR共混胶制备方法及性能；第8章分析了SBR/TRR共混胶在农业轮胎中的应用。

本书的研究内容和出版得到了第二批国家级职业教育教师教学创新团队（高分子材料智能制造技术，项目编号：2021-149）、江苏省高等学校优秀科技创新团队(石墨烯/橡胶功能材料制备与应用,项目编号:2021-44)、国家自然科学基金项目(胶粉的给氧调控低温高效浅裂机理及应用,项目编号:52173103)的资助,在此表示感谢。本书由徐州工业职业技术学院徐云慧、张同玉老师共同撰写,由徐州徐轮橡胶有限公司总经理、研究员级高级工程师陈忠生和青岛科技大学张建明教授审阅。

主持的《高性能非公路型轮胎设计与生产关键技术及产业化》研究成果获 2019 年江苏省科学技术奖三等奖。

由于著者水平有限,书中不妥之处在所难免,恳请广大读者和同行不吝赐教。同时,感谢为本书出版做出努力的同事和朋友们,谢谢你们的支持和鼓励。

著　者

2023 年 10 月

目　录

1　绪论 ……………………………………………………………… 1

　　1.1　农业轮胎 ……………………………………………………… 1

　　1.2　丁苯橡胶 ……………………………………………………… 4

　　1.3　轮胎再生橡胶 ………………………………………………… 8

　　1.4　橡胶共混 ……………………………………………………… 12

　　1.5　研究的意义、目的和内容 …………………………………… 21

2　农业轮胎用 SBR/TRR 共混胶共混体系及机理分析 …………… 25

　　2.1　引言 …………………………………………………………… 25

　　2.2　实验 …………………………………………………………… 25

　　2.3　结果与讨论 …………………………………………………… 28

　　2.4　共混胶共混机理分析 ………………………………………… 42

　　2.5　小结 …………………………………………………………… 43

3　农业轮胎用 SBR/TRR 共混胶填充补强体系及机理分析 ……… 45

　　3.1　引言 …………………………………………………………… 45

　　3.2　实验 …………………………………………………………… 46

　　3.3　结果与讨论 …………………………………………………… 52

　　3.4　填充补强机理分析 …………………………………………… 69

　　3.5　小结 …………………………………………………………… 74

4　农业轮胎用 SBR/TRR 共混胶防护体系及作用机理分析 ……… 76

　　4.1　引言 …………………………………………………………… 76

　　4.2　实验 …………………………………………………………… 76

　　4.3　结果与讨论 …………………………………………………… 82

    4.4   老化防护机理分析 ·· 90

    4.5   小结 ·· 93

5 农业轮胎用 SBR/TRR 共混胶硫化体系及选择原因分析 ··········· 95

    5.1   引言 ·· 95

    5.2   实验 ·· 95

    5.3   结果与讨论 ·· 98

    5.4   硫化体系选择原因分析 ·· 108

    5.5   小结 ·· 109

6 农业轮胎用 SBR/TRR 共混胶软化增塑体系及作用原因分析 ········· 111

    6.1   引言 ·· 111

    6.2   实验 ·· 112

    6.3   结果与讨论 ·· 116

    6.4   2-乙酰基芘软化增塑原因分析 ···································· 118

    6.5   小结 ·· 119

7 农业轮胎用 SBR/TRR 共混胶制备方法及性能 ···················· 120

    7.1   引言 ·· 120

    7.2   实验 ·· 120

    7.3   结果与讨论 ·· 124

    7.4   小结 ·· 134

8 SBR/TRR 共混胶在农业轮胎中的应用 ·························· 137

    8.1   引言 ·· 137

    8.2   实验 ·· 137

    8.3   结果与讨论 ·· 140

    8.4   小结 ·· 144

9 结论和创新点 ·· 146

    9.1   结论 ·· 146

    9.2   创新点 ·· 148

参考文献 ·· 149

1　绪　　论

1.1　农 业 轮 胎

1.1.1　农业轮胎概述

轮胎是在各种车辆或机械上装配的接地滚动的圆环形弹性橡胶制品。轮胎种类繁多,根据使用用途分为农业轮胎、工程轮胎、载重轮胎、轿车轮胎、摩托车轮胎、力车轮胎和航空轮胎等。农业轮胎是指配套用于农业机械的轮胎,包括联合收割机轮胎、拖拉机轮胎、旋耕机轮胎、播种机轮胎、农药喷洒机轮胎等,各类型农业轮胎见图 1-1。

近年来,随着全球农业机械化水平的提高,农业轮胎使用数量急速扩增,加上农业领域对农业轮胎需求的持续增长,据统计 2019 年全球农业轮胎市场规模为 45 亿美元,预计到 2025 年将以 8.5％的年增长率增长,达到 75 亿美元[1-6]。中国目前已成为世界上最大的农业轮胎生产国。高速精量播种、高速田间作业以及高速海量采收技术的应用对农业轮胎的质量要求越来越高[7-11]。子午化是农业轮胎的发展趋势,西欧农业轮胎子午化率已达到 85％,美国达到 45％,而我国农业子午线轮胎起步较晚,子午化率还很低,目前不足 5％,所以随着对农业轮胎的质量越来越高,中国市场农业轮胎子午化空间很大[12-15]。

1.1.2　农业轮胎性能要求

农业轮胎相对于载重轮胎来说,一般行驶速度慢,但工作环境相对较差,所以对农业轮胎的力学性能、耐磨性能、高速性能要求低,但对耐刺扎性、耐撕裂性、耐老化性要求高。对大型农业轮胎来说,轮胎胎面厚而宽,用胶量多,生产

（a）联合收割机轮胎

（b）拖拉机轮胎

（c）旋耕机轮胎

（d）播种机轮胎

（e）农药喷洒机轮胎

图 1-1　农业轮胎

配方和加工工艺要求高。若农业轮胎配方设计不合理，生产工艺不匹配，农业轮胎容易出现花纹掉块、花纹根裂、侧部裂口、胎面裂纹等质量问题。具体质量问题见图 1-2。农业轮胎主要性能技术指标见表 1-1。

（a）花纹掉块

（b）花纹根裂

图 1-2　农业轮胎质量问题

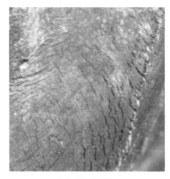

（c）侧部裂口　　　　　　　　　　（d）胎面裂纹

图 1-2 （续）

表 1-1 农业轮胎主要性能技术指标

检验项目		检验依据	指标
基本性能测试	硬度（邵 A）	GB/T 531—2009	65～80
力学性能测试	拉伸强度/MPa	GB/T 528—2009	≥11
	扯断伸长率/%		600～750
	100%定伸应力/MPa		≥1.5
	300%定伸应力/MPa		≥4.5
	撕裂强度/（N/mm）	GB/T 529—2008	≥75
疲劳性能测试	屈挠龟裂实验等级	GB/T 13934—2006	5 万次 3 级以上等级
热氧老化性能 （100 ℃,72 h）	硬度（邵 A）	GB/T 3512—2014	70～85
	拉伸强度/MPa		≥10
	扯断伸长率/%		340～450
臭氧老化性能 （温度 40 ℃, 臭氧浓度 100×10⁻⁶, 相对湿度 60%, 试样伸长率 20%）	GB/T 7762—2014	72 h 内无裂口	
磨耗性能	阿克隆磨耗量/cm³	GB/T 1689—2014	≤0.2
压缩生热性能	压缩生热温度/℃	GB/T 1687—2016	≤46

1.2 丁苯橡胶

1.2.1 丁苯橡胶的概述

丁苯橡胶(butadiene-styrene rubber,SBR)是最早的工业化合成橡胶,其产量约占整个合成橡胶生产量的 55%,约占天然橡胶和合成橡胶总产量的 34%。在合成橡胶中,丁苯橡胶是产量和消耗量最大的胶种[16-18]。

SBR 的品种很多,通常根据聚合方法、填料品种、苯乙烯单体的投料量(与含量相关)等分为以下几种类型,如图 1-3 所示。

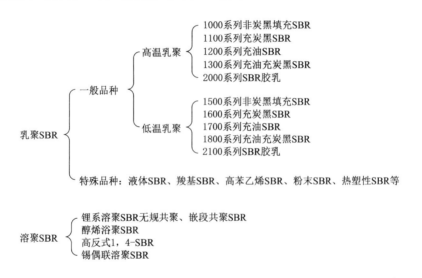

图 1-3 SBR 的分类

(1) 按聚合方法和条件分类

根据聚合方法的不同,可将 SBR 分为乳聚 SBR(ESBR)和溶聚 SBR(SSBR)两大类。其中,前者产量大,使用极为普遍,后者在 20 世纪 60 年代工业化生产,近期有了较大发展(适用于绿色轮胎)。

乳聚 SBR 又可分为高温 ESBR(50 ℃聚合)和低温 ESBR(5 ℃聚合)两类。其中,低温 ESBR 的性能好、产量大,应用普遍,而高温 ESBR 已趋于淘汰;溶聚 SBR 因催化剂和聚合条件的不同,又有无规型、嵌段型和无规与嵌段并存的三大类。

（2）按填料品种分类

根据 SBR 填充材料的不同分为充炭黑 SBR、充油 SBR 和充油充炭黑 SBR。

（3）按苯乙烯投料量分类

SBR 按聚合时的苯乙烯投料量可分为丁苯-10、丁苯-30、丁苯-50 等品种（10、30、50 等数字表示聚合时苯乙烯单体投入的质量分数）。其中,丁苯-30（实际苯乙烯含量为 23.5%）是最常使用的,它的综合性能最好。

常见乳聚 SBR 的主要品种及特点见表 1-2。

表 1-2　常见乳聚 SBR 的主要品种及特点

品种	特　点
高温丁苯橡胶（1000 系列）	聚合度较低,凝胶含量大,支链较多,性能较差
低温丁苯橡胶（1500 系列）	聚合度较高,相对分子质量分布比天然橡胶（NR）稍窄,凝胶含量较少,支化度较低,性能较好。 其中 1500 是代表性品种,交工性能及物理机械性能均较好,可用于轮胎胎面胶合工业制品等;1502 为非污染的品种;1507 为低黏度的品种,可用于传递成型（移模法）和注压成型
低温充炭黑丁苯橡胶（1600 系列）	将一定量炭黑分散到低温丁苯胶乳中,并可加油 14 份或 14 份以下,经共凝聚制得。可缩短混炼时间,加工性能良好,物理机械性能稳定,抗撕裂、耐屈挠性能得到改善
低温充油丁苯橡胶（1700 系列）	将乳状非挥发的环烷油或芳香油（15 份、25 份、37.5 份或 50 份）掺入聚合度较高的丁苯胶乳中,经凝聚制得。加工性能好,多次变形下生热小,耐寒性提高,成本低。 1712 为充高芳烃油 37.5 份制得,1778 为充环烷油 37.5 份制得
低温充油充炭黑丁苯橡胶（1800 系列）	充一定量炭黑,并充油 14 份以上。缩短混炼时间,炼焦时生热小,胶烧危险性小,压延、压出性能好,硫化胶综合性能好
高苯乙烯丁苯橡胶	将含 70% 以上的高苯乙烯树脂与含 23.5% 苯乙烯的丁苯橡胶乳液状混合,经过凝聚制得,其苯乙烯含量为 50%～60%,使用于耐磨和硬度高的制品,且耐酸碱,但弹性差,永久变形大

1.2.2　丁苯橡胶的结构

丁苯橡胶是以丁二烯和苯乙烯为单体,在乳液或溶液中经催化共聚得到的高聚物弹性体,其结构式如图 1-4 所示,式中 x,y 分别表示丁二烯加成的 1,4 结构和 1,2 结构的链节数目;z 表示苯乙烯加成结构的链节数目。SBR 分子结构中,丁二烯和苯乙烯结构单元随机排列,呈无序结构,且丁二烯有顺式 1,4、反式 1,4 和 1,2 三种加成结构,致使 SBR 分子链规整性差[19-23]。

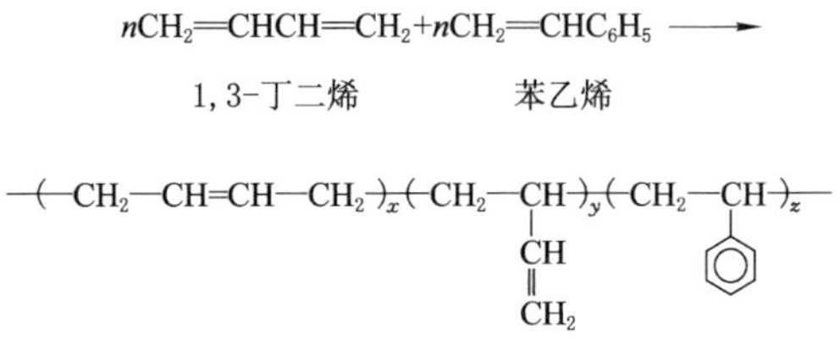

$$n CH_2{=}CHCH{=}CH_2 + n CH_2{=}CHC_6H_5 \longrightarrow$$

1,3-丁二烯　　　　　　苯乙烯

$$-(CH_2-CH{=}CH-CH_2)_x(CH_2-CH)_y(CH_2-CH)_z$$

图 1-4　丁苯橡胶的化学反应式

丁二烯的各种结构含量随聚合条件的变化有很大不同。对不同类型的 SBR 的结构特征作了对比,从表 1-3 中可知,低温乳聚 SBR 的丁二烯结构单元主体结构为反式-1,4 结构,结构类型单一性较强,这也是低温 SBR 性能优于高温 SBR 的重要原因之一。

表 1-3　不同类型 SBR 的结构特征

SBR 类型	宏观结构				微观结构			
	歧化	凝胶	$\overline{M}_n \times 10^4$	$\overline{M}_w / \overline{M}_n$	苯乙烯 /%	丁二烯 顺式/%	丁二烯 反式/%	乙烯基 /%
乳聚 高温 SBR	大量	多	10	7.5	23.4	16.6	46.3	13.7
乳聚 低温 SBR	中等	少量	10	4~6	23.5	9.5	55	12
溶聚 无规 SBR	较少	—	15	1.5~2.0	25	24	31	20

由于低温乳聚 SBR,聚合度高,支化程度低,性能高,无污染,所以使用量最大,本研究使用的 SBR1502 就属于低温乳聚 SBR,其具有如下结构特点。

① SBR 分子结构规整性差,在拉伸和冷冻条件下不能结晶,为非结晶性橡胶。

② SBR 为不饱和碳链橡胶,但与天然橡胶相比,双键数目较少,且不存在甲基侧基及其推电子作用,双键的活性比较低。

③ SBR 分子主链上引入了庞大的苯基侧基,并存在丁二烯 1,2-结构形成

的乙烯侧基,空间位阻大,分子链柔性差。

④ SBR 平均相对分子质量较低,相对分子质量分布较窄[24-25]。

1.2.3　丁苯橡胶的性能

(1) 低温乳聚 SBR 的物理性质

低温乳聚 SBR 为浅褐色或白色(非污染型)弹性体,微有苯乙烯气味,杂质少,质量较稳定。其密度因生胶中苯乙烯含量不同而异:如丁苯-10 的密度为 0.919 g/cm³,丁苯-30 为 0.944 g/cm³。其能溶于汽油、苯、甲苯、氯仿等有机溶剂中。

(2) 低温乳聚 SBR 的使用性能

① 由于低温乳聚 SBR 是非结晶橡胶,因此其无自补强性,纯胶硫化胶的拉伸强度很低,只有 2~5 MPa,必须经高活性补强剂补强后才有使用价值。其炭黑补强硫化胶的拉伸强度可达 25~28 MPa。

② 由于低温乳聚 SBR 分子结构较紧,特别是庞大苯基侧基的引入,使分子间力加大,所以其硫化胶有更好的耐磨性、耐撕裂性、耐透气性,但其弹性、耐寒性差,多次变形下生热大,滞后损失大,耐屈挠龟裂性差。

③ 由于低温乳聚 SBR 是碳链胶,取代基属非极性基,因此是非极性橡胶,耐油性和耐非极性溶剂性差。但低温乳聚 SBR 由于结构较紧密,所以耐油性和耐非极性溶剂性、耐化学腐蚀性、耐水性均比 NR 好。又因含杂质少,所以其电绝缘性也比 NR 稍好。

(3) 低温乳聚 SBR 的工艺性能

① 由于低温乳聚 SBR 聚合时控制相对分子质量在较低范围,大部分低温乳聚 SBR 的初始门尼黏度值较低,在 50~60 左右,因此可不经塑炼,直接混炼。

② 由于低温乳聚 SBR 分子链柔性较差,相对分子质量分布较窄,缺少低分子级别的增塑作用,因此其加工性能较差,表现在混炼时,对配合剂的湿润能力差,温升快且高,设备负荷大;压延、压出操作较困难,半成品收缩率或膨胀率大;成型贴合时自黏性差等。

③ 由于低温乳聚 SBR 是不饱和橡胶,因此可用硫黄硫化,与天然橡胶和顺丁橡胶等通用橡胶的并用性能好。但因不饱和程度比天然橡胶低,因此硫化速度较慢,而加工安全性提高,表现为不易焦烧、不易过硫、硫化平坦性好[26-30]。

1.3 轮胎再生橡胶

1.3.1 轮胎再生橡胶的概述

（1）轮胎再生橡胶的概念和用途

再生橡胶（reclaimed rubber）是指废旧硫化橡胶经过粉碎、加热、机械与化学处理的物理化学过程，使其从弹性状态变成具有一定塑性和黏性的、能够加工再硫化的橡胶。用废旧轮胎胎面胶作为原料制成的再生橡胶称为轮胎再生橡胶（tire reclaimed rubber，TRR）[31-32]。

再生橡胶除含有不同数量的橡胶烃外，还含有大量的炭黑或白炭黑等填料和其他助剂，属于复杂的多项混合物；从微观结构上看，它含有空间网状结构，虽然交联密度不大，但已经不全是链状高分子结构。因此，不能把再生橡胶等同于天然橡胶或合成橡胶。在使用再生橡胶时，一定注意它的这个本质特性。

再生橡胶多数是黑色或其他颜色的块状固体，也有少量呈液体状、颗粒状或条状等形状。它的主要原料为废旧橡胶制品，如废旧轮胎、胶管、胶带、胶鞋、工业橡胶制品和橡胶制品硫化时的边角料等，这些废旧橡胶均为硫化过的橡胶。

再生橡胶分类方法有三种，一是根据废旧橡胶种类进行分类；二是根据制造方法进行分类；三是根据其所使用的废旧制品材料来源和质量进行分类。根据废旧橡胶种类分类，不仅容易识别实物（即废旧橡胶），而且能大致推测再生橡胶的质量好坏；根据制造方法进行分类，不容易识别再生橡胶的质量好坏；根据其所使用的废旧制品材料和质量进行分类，不仅容易识别实物，又能较好地了解再生橡胶的质量好坏。目前较好的分类方法是依据其所使用的废旧制品材料来源和质量进行分类。

再生橡胶分为 A 类和 B 类，对于明确主要成分的再生橡胶为 A 类，对于不能明确主要成分的再生橡胶为 B 类。A 类依据其所含主要橡胶成分分为再生天然橡胶、再生丁基橡胶、再生丁腈橡胶、再生乙丙橡胶、再生丁苯橡胶等；B 类依据其使用的材料来源，即废旧橡胶制品进行分类，分为轮胎再生橡胶、胎面再生橡胶、内胎再生橡胶、胶鞋再生橡胶、杂胶再生橡胶、浅色再生橡胶等。A 类再生橡胶以"再生"含义的英文前缀"R"和橡胶品种的符号表示，B 类再生橡胶以"再生"含义的英文前缀"R"和表示废旧橡胶制品的英文字母表示，具体见表 1-4。

表 1-4 轮胎再生橡胶分类及代号

类别	分类	代号	备注
A 类	再生天然橡胶	R-NR	
	再生丁基橡胶	R-IIR	
	再生丁腈橡胶	R-NBR	
	再生乙丙橡胶	R-EPDM	
	再生丁苯橡胶	R-SBR	
B 类	轮胎再生橡胶	R-T	废旧轮胎混合料或整胎
	胎面再生橡胶	R-TT	废轮胎胎面
	内胎再生橡胶	R-TI	废旧轮胎内胎
	胶鞋再生橡胶	R-S	废旧胶面鞋、布面鞋橡胶部分
	杂胶再生橡胶	R-M	废旧橡胶制品混合料
	浅色再生橡胶	R-N	非黑色废旧橡胶

轮胎再生橡胶具有一定的塑性和物理机械性能,易与生胶和配合剂混合,加工性能好,可代替或部分代替生胶使用,降低胶料成本和改善胶料的工艺加工性能。另外对废旧轮胎进行再生,有利于减少"黑色污染",保护环境,完全符合循环经济发展方向,成为国民经济新的增长点,为国民经济的发展做出重要贡献[33-34]。

(2)轮胎再生橡胶的现状

21 世纪是"环保的世纪",环境与资源已变成人类生存与发展最严峻的挑战,保护环境与节约资源已成为全球共识,可持续发展已成为人类发展不可逆转的潮流。保护环境、维持生态、和谐发展成为当前经济发展的主流。

随着现代工业的发展,橡胶消耗量不断增加,由此产生的废旧橡胶量也随之增加,其中以废旧轮胎量最多,占废橡胶制品的 60% 以上。目前世界上每年报废的轮胎总量为 15 亿多条,其中汽车生产大国美国每年产生废旧轮胎 2.9 亿条,欧洲产生 2.6 亿条,国内产生 2.33 亿条。因为废旧橡胶具有三维结构,难以降解,如果弃之,不仅是对资源的巨大浪费,而且还会给环境带来严重的"黑色污染"[35]。我国是一个资源紧缺的国家,废旧橡胶已成为宝贵资源的一部分。有数据表明,再生资源占全球经济发展所需资源的 40%。因此如何有效处理和利用废旧橡胶,以实现橡胶工业的可持续发展是人类目前面临的重要问题[36]。发展再生橡胶"循环经济"已成为世界各国轮胎行业的发展战略重点。

当前,世界先进发达国家均利用废旧轮胎进行翻新、热能利用,部分用于生产精细胶粉。我国废橡胶利用主要分为三个方面:一是轮胎翻新;二是生产胶粉;三是生产再生橡胶。其中发展最快的是再生橡胶生产产业,再生橡胶生产产业所利用的废橡胶已达到废橡胶总量的 80%。据中国橡胶工业协会废橡胶综合利用分会统计,目前我国再生橡胶的产量达到 250 万 t/a。按橡胶烃含量,3 t 再生橡胶替代 1 t NR 计算,仅 250 万 t 再生橡胶就相当于找到了 80 多万吨 NR 替代品,超出了海南省全年 NR 的产量,相当于我国 NR 全年产量的 2/3。被世界先进发达国家称为"夕阳产业"的再生橡胶工业在我国废橡胶利用领域脱颖而出,独领风骚。我国再生橡胶行业是伴随着轮胎行业的快速发展而发展的。废轮胎是再生橡胶生产企业的主要原料,占总利用量的 60%～70%。据统计每生产一条轮胎需要几十至几百公斤的胶料,每生产 1 kg 合成胶需 3 kg 石油,而每综合利用一条废旧轮胎可产生如图 1-5 所示二次资源,并能够循环利用[37-40],从图中可以看出废旧轮胎的 35%～45%(轮胎胎面胶部分)可用来制作轮胎再生橡胶(TRR)。

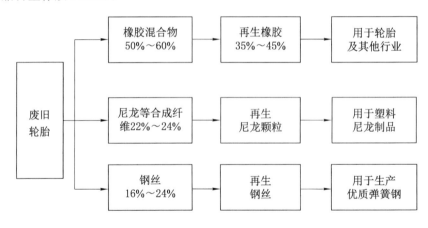

图 1-5　废轮胎的循环利用

1.3.2　轮胎再生橡胶的判定方法

为了更好地利用再生橡胶,再生橡胶生产厂家和使用厂家均对再生橡胶进行一系列的化验,对再生橡胶的产品质量进行判定。目前主要依据国家标准 GB/T 13460—2016 对再生橡胶进行外观、物理、化学、工艺、环保指标检验等[41]。

①外观检验：一般采用目测方法进行，要求再生橡胶外观质量应质地均匀，不得含有金属屑、木屑、砂粒及纤维等杂质。

②物料检验：主要包括拉伸强度、扯断伸长率、硬度、密度、门尼黏度等的检验。

③化学检验：主要包括加热减量、灰分、丙酮抽出物、水分、挥发分等检验。

④环保检验：主要包括铅（Pb）、汞（Hg）、镉（Cd）、六价铬（Cr（Ⅵ））及有机溴化合物多溴联苯（PBBs）、多溴二苯醚（PBDEs）等 6 种有害物质的限量检验[42]。

市场上销售的 TRR 品种很多，性能不一，有高强力再生橡胶（拉伸强度大于 16 MPa）、普通型再生橡胶、环保型再生橡胶，也有不符合环保要求的再生橡胶，按等级分为特级 TA_1、特级 TA_2、优级 A_1、一级 A_2、合格 A_3 等[43-45]。本研究主要通过再生橡胶品质检测、高关注度物质检测、欧盟 RoHS 指令检测等方法选择符合性能要求又符合环保要求的轮胎再生橡胶。

①再生橡胶品质检测。按 GB/T 13460—2016 检测要求和方法对再生橡胶进行加热减量、灰分、丙酮抽出物等主要化学性能测试；另外还对再生橡胶进行了拉伸强度、扯断伸长率、门尼黏度、密度的检测和分析[46-50]。

②高关注度物质（SVHC）检测。按 REACH 法规要求对 16 种多环芳烃萘、苊烯、苊、芴、菲、蒽、荧蒽、芘、苯并（a）蒽、䓛、苯并（b）荧蒽、苯并（k）荧蒽、苯并（a）芘、茚苯（1,2,3-cd）芘、二苯并（a,h）蒽、苯并（ghi）苝（二萘嵌苯）进行高关注度物质（SVHC）检测和分析，这些物质存在于再生橡胶中的质量比小于 0.1%[51]。

③欧盟 RoHS 指令检测。RoHS 是由欧盟立法制定的一项强制性标准，主要用于规范产品、材料及工艺标准，使之更加有利于人体健康及环境保护。该标准的目的在于消除产品中的重金属铅（Pb）、汞（Hg）、镉（Cd）、六价铬（Cr（Ⅵ））及有机溴化合物多溴联苯（PBBs）、多溴二苯醚（PBDEs）等 6 种有害物质，其中 Pb、Hg、Cr（Ⅵ）、PBBs、PBDEs 的最大允许含量为 0.1%（1 000 ppm），Cd 为 0.01%（100 ppm）。按照 SJ/T 11365—2006 标准采用 XRF 光谱法、X 射线荧光仪进行 Pb、Hg、Cd 的含量检测；采用气相色谱-质谱（GC-MS）法，选用离子检测模式（SIM）进行机溴化合物 PBBs、PBDEs 的含量检测；采用比色法进行 Cr（Ⅵ）的含量检测[52]。

通过对 TRR 品质检测、高关注度物质检测、欧盟 RoHS 指令检测三种方法来判断 TRR 等级和再生橡胶的环保性，来选择确定 SBR/TRR 共混胶中 TRR 的品种，即选择至少为合格等级且符合环保要求的绿色再生橡胶 TRR。

1.4 橡 胶 共 混

1.4.1 橡胶共混概述

（1）橡胶共混的概念

橡胶共混是指两种或者两种以上橡胶经混合制成宏观均匀物质的过程,共混的产物称为橡胶共混胶。共混改性的基本类型可分为物理共混、化学共混和物理/化学共混三大类[53-57]。

（2）橡胶共混改性的方法

橡胶共混改性的主要方法分为机械共混、溶液共混、乳液共混等。机械共混是采用密炼机、开炼机、挤出机等加工机械进行的,是一种机械共混的方法,该方法是最具工业应用价值的共混方法。溶液共混是将橡胶溶于溶剂后,进行共混。该方法具有简便易行、用料少等特点,特别适合于在实验室中进行的某些基础研究工作。乳液共混是将两种或两种以上的橡胶乳液进行共混的方法。在橡胶的共混改性中,可以采用两种胶乳进行共混[58-60]。本次研究是采用机械共混法进行开展的。

1.4.2 橡胶共混胶表示方法

高聚物共混物是多组分的混合体系,常用组分含量表示方法有质量份数、质量分数和体积分数来表示。但橡胶共混胶一般采用质量份数来表示,通常以生胶质量为 100 份,其他组分的含量以相对于生胶的质量份数表示。质量份数的表示方法,由于生胶的质量固定为 100 份,可以很明显地反映出其他组分的含量变化,特别适合于工业试验中的配方研究。

1.4.3 橡胶共混胶相容性表征方法

橡胶共混胶相容性(miscibility)是指两种或两种以上橡胶共混时,橡胶大分子之间能够相互扩散到彼此间,最终达到链段水平甚至是分子水平的均匀分散程度。橡胶共混胶相容性常用以下两种方法进行表征。

① 光学显微镜法:光学显微镜法就是利用光的散射、投射来观察橡胶共混物的微观结构形态。本研究采用扫描电镜法测试不同 SBR/TRR 共混胶的SEM 图,直观观测其表面微观形貌[61-65]。

② 玻璃化转变温度法：完全不相容的橡胶组分共混在一起会呈现两个未发生任何变化的玻璃化转变温度，即呈现两个 T_g；不同相容性的橡胶共混物测得的玻璃化转变温度有一定程度的偏移，也是呈现两个 T_g；若共混物完全相容时就只有一个玻璃化转变温度，即呈现一个 T_g，且测得的 T_g 介于两个共混物 T_g 之间。另外橡胶共混胶相容性受到共混胶组分的结晶度、极性、门尼黏度、溶解度、相对分子质量大小、相对分子质量分布、共混比、共混工艺等多种因素的影响[66-71]。但玻璃化转变温度法是评价橡胶共混胶相容性最常用的最成熟的表征方法之一。本研究采用差示扫描量热分析法（DSC）测得共混胶的玻璃化转变温度 T_g 来对比分析不同共混比 SBR/TRR 共混胶的共混效果。

1.4.4　橡胶共混体系

橡胶共混体系一般包括生胶体系、硫化体系、防护体系、填充补强体系、软化增塑体系等。

（1）生胶体系

生胶是一种高弹性高聚物材料，是制造橡胶制品的基础材料，也称母体材料或基体材料，呈连续相；生胶的性能对最终产品的某些性能有着重大或者决定性的影响，如耐老化性、耐油性、绝缘性等。本书研究的农业轮胎用 SBR/TRR 共混胶生胶体系包括天然橡胶（NR）、顺丁橡胶（BR）、丁苯橡胶（SBR）和轮胎再生橡胶（TRR）。

（2）硫化体系

硫化体系与橡胶大分子起化学作用，使橡胶线形大分子交联形成空间网状结构，提高性能，稳定形状，其对最终产品的性能也有重要影响，如耐热性、弹性、耐疲劳性、抗压缩永久变形性等。硫化体系包括硫化剂、促进剂、活化剂、防焦剂。该研究的农业轮胎用 SBR/TRR 共混胶主要采用普通硫化体系（CV）和半有效硫化体系（SEV）进行硫化[72]。

① 硫化剂：主要指在一定的温度、时间、压力等条件下，能使橡胶发生硫化（交联）的化学物质[73-74]，本研究硫化剂选择不溶性硫黄，由于其不溶于橡胶，在胶料加工过程中不易产生早期硫化和喷硫现象，无损于胶料的黏性，有利于加工操作。

② 促进剂：橡胶促进剂是能缩短硫化时间，降低硫化温度，减少硫化剂用量，提高和改善硫化胶物理机械性能和化学稳定性的化学物质[75-76]。本研究主要采用噻唑类、次磺酰胺类、秋兰姆类促进剂等。

③ 活性剂：凡能增加促进剂活性，提高硫化速度和硫化效率（即增加交联键的数量，降低交联键中的平均硫原子数），改善硫化胶性能的化学物质都称为硫化活性剂（简称活性剂，也称助促进剂）[77-78]。活性剂分为无机活性剂和有机活性剂，活性剂分类见表 1-5。

表 1-5　活性剂分类表

活性剂大类	活性剂种类
无机活性剂	金属氧化物：氧化锌、氧化镁、氧化铅、氧化钙等
	金属氢氧化物：氢氧化钙
	碱式碳酸盐：碱式碳酸锌、碱式碳酸铅
有机活性剂	脂肪酸类：硬脂酸、软脂酸、油酸、月桂酸等
	皂类：硬脂酸锌、油酸铅等
	胺类：二苄基胺
	多元醇类：二甘醇、三甘醇等
	氨基醇类：乙醇胺、二乙醇胺、三乙醇胺等

④ 防焦剂：凡少量添加到胶料中能防止或延缓胶料在硫化前的加工和贮存过程中发生早期硫化（焦烧）现象的物质，都称为防焦剂（或硫化迟延剂）。

为了保证橡胶顺利进行加工，橡胶在生产加工过程中需要经历一些受热过程，如混炼、压延、压出、热炼等工艺过程。这些工艺过程使胶料的焦烧时间缩短，在加工工序或胶料停放过程中，可能出现早期硫化现象，即展现出胶料塑性下降、弹性增加、无法进行加工的现象，称为焦烧[79]。为了调整硫化诱导期，满足生产安全性要求，常在配方中添加防焦剂。防焦剂应具备下列理想条件，见表 1-6。

表 1-6　防焦剂选择条件

序号	条　件
1	延长诱导期，提高胶料在加工过程中的储存稳定性
2	对硫化速度无影响，即对硫化历程图上的热硫化期无影响
3	不参与橡胶的交联反应
4	不影响硫化胶的物理机械性能
5	对胶料无污染

常用的橡胶防焦剂包含有机酸类、亚硝基化合物、硫代亚胺类化合物等几种。有机酸类防焦剂的主要品种有：水杨酸(邻羟基苯甲酸)、邻苯二甲酸、邻苯二甲酸酐等。亚硝基化合物防焦剂的代表性品种是：N-亚硝基二苯胺(防焦剂NA或NDPA)，易分散于胶料中，无喷霜之危。硫代亚胺类化合物是一种能够迟延硫化，但又不影响硫化速度和硫化胶性能的物质，它是一类高效的防焦剂，其中代表品种是 N-环己基硫代邻苯二甲酰亚胺(防焦剂CTP或PVI)。

（3）防护体系

防护体系通过与老化过程中的一些物质产生化学反应，延缓橡胶老化进程，进而延缓橡胶老化，延长制品使用寿命。

生胶或橡胶制品在加工、贮存或使用过程中，会受到热、氧、光等环境因素的影响而逐渐发生物理及化学变化，使其性能下降，并丧失用途，这种现象称为橡胶的老化[80]。由于橡胶的热氧老化是一种自由基链式自催化氧化反应，凡能终止自由基链式反应或者防止引发自由基产生的物质，均能起到抑制或延缓橡胶氧化反应的作用，被称为抗热氧剂或热氧防老剂[81]。为了防止或减缓橡胶老化现象的发生常在橡胶体系中添加物理防护剂或化学防护剂[82]。

物理防护剂是指为了尽量避免橡胶与各种老化因素相互作用而添加的防护助剂。物理防护剂在橡胶制品表面形成防护膜，阻止氧、臭氧对橡胶分子的攻击。常用的物理防护剂有石蜡、微晶蜡等。

化学防护剂根据化学结构分为胺类、酚类及有机防老剂等。其中胺类防老剂品种多，防护效能全面且效力高，因而广泛地应用于橡胶工业中，但具有污染性；酚类防老剂不变色，不污染性好，但防护能力不及胺类，而且一般只能防护氧老化。目前生产中使用较多的各种化学防老剂见表1-7。

表1-7　常用化学防老剂的结构及性能

商品名称	化学结构式及命名	外观	使用性能
防老剂A	N-苯基-α-萘胺	紫红色片状或块状结晶	对热、氧、屈挠疲劳、天候及有害金属老化均有良好的防护作用，在CR中有抗臭氧老化效能，在胶料中溶解性好，对胶料有软化作用，有污染性；用量：NR中1.5份以下(必要时可增至5份)，SBR中1~2份，IR中1~3份

表 1-7(续)

商品名称	化学结构式及命名	外观	使用性能
防老剂 H（DPPD、PPD）	$H_5C_6-NH-C_6H_4-NH-C_6H_5$ N,N'-二苯基对苯二胺	灰褐色粉末	对屈挠及日光龟裂有良好的防护效能,对热氧、臭氧、有害金属老化也有防护作用,能提高胶料的定伸应力,在橡胶中溶解度低,喷霜倾向大,用量 0.2～0.3 份
防老剂 4010（CPPD）	$H_5C_6-NH-C_6H_4-NH$ N-苯基-N'-环己基对苯二胺	亮灰色粉末	对臭氧、风蚀、屈挠疲劳老化有卓越的防护效能,对氧、热、高能辐射和有害金属老化也有显著的防护作用,分散性良好,溶解度小,对未硫化胶料（尤其 SR）有显著的硬化作用,污染严重,用量 0.15～1 份
防老剂 4010NA（IPPD）	$H_5C_6-NH-C_6H_4-NH$ N-苯基-N'-异丙基对苯二胺	紫色粉状或片状结晶	通用型防老剂,防护作用比 4010 更好,在橡胶中溶解度大,易分散,污染严重,在酸性水溶液中有较大的溶解性和挥发性,用量 1～4 份（NR 中 2～3 份）
防老剂 4020（DMBPPD）	$H_5C_6-NH-C_6H_4-NH$ $CH_3-CH-CH_2-$ CH_3 CH_3 N-苯基-N'-(1,3-二甲基丁基)对苯二胺	棕～棕紫色粒状或薄片	防护效能与 4010NA 接近,毒性和对皮肤的刺激性比 4010NA 小,在水中的溶解性和被抽出程度小,有污染性,用量 0.5～1.5 份,最高 3 份
防老剂 DNP（DNPD）	$NH-C_6H_4-NH$ N,N'-二-β-萘对苯二胺	浅灰色粉末	有优越的抗热氧、天候及有害金属老化效能,是胺类防老剂中污染性最小的品种,遇光或氧化剂仍会变红,用量 0.5～2 份（超过 2 份时会喷霜）
防老剂 AW	H_5C_2O ... CH_3 CH_3 CH_3 6-乙氧基-2,2,4-三甲基-1,2-二氢化喹啉	褐色黏稠液体	有良好的抗臭氧龟裂效能,也有效的防护热氧及屈挠疲劳老化,有污染性,用量 1～2 份,也可用至 3～4 份

表 1-7(续)

商品名称	化学结构式及命名	外观	使用性能
防老剂 RD	2,2,4-三甲基-1,2-二氢化喹啉聚合物(低分子量)	琥珀色或灰白色树脂状粉末	对热氧老化的防护非常有效,对有害金属也有较强的抑制作用,与屈挠龟裂的防护较差,不喷霜,污染性较小,用量 0.5～2 份,最高 3 份
防老剂 BLE	丙酮-二苯胺高温缩合物	深褐色黏稠液体	通用型防老剂,有优良的抗热、氧、屈挠疲劳老化效能,也有一定的抗天候、臭氧老化能力,在胶料中易分散,并可改善未硫化胶料的流动性,有污染性及迁移性,用量 1～3 份
防老剂 AM	丙酮-二苯胺低温缩合物	浅黄～深褐色树脂状粉末	通用型防老剂,有较好的抗热氧老化性能,对天候、屈挠疲劳、光老化也有防护作用,易分散,不喷霜,污染性和迁移性较 BLE 小,在浅色制品中可以少量使用,用量 1～3 份,浅色制品中 0.25 份以下
防老剂 2246	$2,2'$-亚甲基-双(4-甲基-6-叔丁基苯酚)	白～乳黄色粉末	强力酚型防老剂,除对屈挠疲劳的防护作用稍逊于防老剂 D 外,其他防护作用均优于或相当于防老剂 D,不变色、不污染,在胶料中分散性良好,也易分散在水中,是胶乳制品及浅色制品的优良防老剂,用量 0.5～1.5 份
防老剂 264	2,6-二叔丁基-4-甲基苯酚	白～淡黄色结晶粉末	不变色、不污染的抗氧剂,对热、氧老化有较好的防护作用,也能抑制有害金属的老化,用量 0.5～3 份

表 1-6(续)

商品名称	化学结构式及命名	外观	使用性能
防老剂 SP	苯乙烯化苯酚	浅黄～浅琥珀色黏稠液体	对热、氧、屈挠龟裂及天候老化有中等防护作用,不变色,易分散,不喷霜,价廉,在水中乳化后可用于胶乳制品,用量 0.5～3 份
防老剂 MB	2-硫醇基苯并咪唑	白～浅黄色结晶粉末	对热、氧、天候及静态老化有中等防护效能,与胺或酚类主抗氧剂并用可产生协同效应,略有污染性,对酸性促进剂有延缓作用,对胶乳有热敏化作用,对 CR 有促进剂硫化作用,可提高其抗撕裂性,有苦味,用量 0.5～2 份

（4）填充补强体系

填充补强体系通过与橡胶分子作用提高橡胶的力学性能,通过占有一定的体积份数改善加工工艺性能,降低成本等,例如提高橡胶的拉伸强度、降低挤出胀大性或压延后的收缩性等。组成填充补强体系的配合剂统称为填料,是橡胶工业的主要原料之一,属于粉体材料。填料用量相当大,几乎与橡胶本身用量相当。含有填料的橡胶是一种多相材料,填料能赋予这种材料许多宝贵的性能,如大幅度提高橡胶的力学性能,使橡胶具有导电性、磁性等特殊性能,改善橡胶的加工工艺性能以及降低橡胶制品的成本等作用[83]。

填料的种类很多,按其在橡胶中的主要作用可分为补强性填料和增容性填料。前者的主要作用是提高橡胶制品的硬度和机械强度,如拉伸强度、定伸应力、撕裂强度、耐磨性等,称之为补强剂或活性填料,如炭黑、白炭黑等;后者的主要作用则是增加胶料容积,从而节约生胶、降低成本,称之为填充剂、增容剂或惰性填料,如碳酸钙、陶土、滑石粉等[84]。这两类填料不能截然分开,一般来说,补强剂也有增容的作用,而填充剂也有一定的补强作用;特别是由于生胶的类型不同,也使补强剂和填充剂之间的界限难以划分。其中橡胶工业中主要的填充补强剂是炭黑。

炭黑由烃类化合物经不完全燃烧或热裂解制成,主要由碳元素组成,以近似球体的胶体原生粒子及聚集体形式存在,外观呈黑色粉末,造粒直径一般为

1~2 mm。

目前全世界炭黑消耗量 90%～95% 用于橡胶工业,其用量约占生胶用量的一半。炭黑能提高橡胶制品的强度,还能改善橡胶的加工性能,并能赋予制品其他一些性能,提高橡胶制品的使用寿命。

按制造方法可将炭黑分为三类:即接触法炭黑、炉法炭黑和热解法炭黑[85]。各类主要品种见表 1-8。

表 1-8 按制造方法炭黑分类情况

炭黑的制造方法	品种	备注
接触法炭黑	天然气槽法炭黑	
	混气炭黑	
	滚筒法炭黑	
炉法炭黑	气炉法炭黑	
	油炉法炭黑	包括超耐磨、中超耐磨、高耐磨、通用、半补强炭黑等
	油气炉法炭黑	
热解法炭黑	热裂法炭黑	
	乙炔炭黑	

按 ASTM-1765-81 标准分类,该分类方法由四位数字组成一个炭黑的代号(名称)。第一位是拉丁字母,有 N 和 S 两个,代表硫化速度。N 表示正常硫化速度,S 表示硫化速度慢。第二位数字从 0 到 9 共 10 个数字,代表 10 个系列炭黑的平均粒径范围。例如 0 代表炭黑平均粒径范围在 1～10 nm 这一系列的炭黑,9 代表炭黑平均粒径范围在 201～500 nm 这一系列的炭黑。第三位、第四位都是数字,这些数字是任选的,代表各系列中不同牌号间的区别。如 N330 炭黑就是一种硫化速度正常,平均粒径范围在 26～30 nm 内这个系列中的典型炭黑;N347 是这个系列中高结构的炭黑;N326 是这个系列中的低结构炭黑;N339 是这个系列中的新工艺炭黑。它们的共同特点均有 N3,后面两位数字表明该系列中不同的规格,按 ASTM 标准炭黑分类见表 1-9。

(5)软化增塑体系

软化增塑体系通过降低分子间的作用力,降低混炼胶的黏度,改善加工性能,降低成品硬度等。

表 1-9   按 ASTM 标准炭黑分类情况

第一位字码	第二位数字		典型炭黑		
	数字	平均粒径范围/nm	代号	平均粒径/nm	中文名称
N 或 S	0	1～10	—	—	—
	1	11～19	N110	19	超耐磨炉黑
	2	20～25	N220	23	中超耐磨炉黑
			S200		代槽炉黑(中超耐磨炉黑型)
	3	26～30	N330	29	高耐磨炉黑
			S300		代槽炉黑(高耐磨炉黑型)
	4	31～39	N440	33	细粒子炉黑
	5	40～48	N550	42	快压出炉黑
	6	49～60	N660	60	通用炉黑
	7	61～100	N770	62	半补强炉黑
	8	101～200	N880	150	细粒子热裂黑
	9	201～500	N990	500	中粒子热裂黑

橡胶软化增塑是指在橡胶中加某些物质,可以使橡胶分子间的作用力降低,从而降低橡胶的玻璃化转变温度,增加橡胶可塑性、流动性,便于压延、压出等成型操作,同时还能改善硫化胶的某些物理力学性能,如降低硬度和定伸应力,赋予较高的弹性和较低的生热,提高耐寒性等。在橡胶中配用软化增塑剂后,通常可达到以下几个方面的目的:第一使生胶软化,可塑性增加,加工便利,降低动力消耗;第二对炭黑等粉状配合剂有润湿作用,使之易于分散,缩短混炼时间,提高混炼效率;第三提高胶料的自黏性和黏着性;第四增加制品的柔软性和耐寒性。除此之外,有些时候还可以达到某些特殊的目的,如提高制品的阻燃性等。

橡胶软化增塑剂包括石油系列软化剂、煤焦油系列增塑剂、松焦油系列增塑剂、脂肪油系列增塑剂等[86]。本研究新合成研制了一种新型橡胶软化增塑剂 2-乙酰基芪 $C_{18}H_{12}O$,能降低橡胶的玻璃化转变温度,提高胶料流动性,另外该助剂还可做抗热氧剂,减少橡胶老化现象,提高橡胶抗老化性能。常见软化增塑剂的分类品种见表 1-10。

表 1-10　常见软化增塑剂的分类品种

配合剂类型	来源		常用品种
软化增塑剂	矿物油系	石油系	芳香烃油、环烷烃油、石蜡烃油、机械油、高速机械油、锭子油、变压器油、重油、凡士林、石蜡、沥青、石油树脂等
		煤焦油系	煤焦油、古马隆树脂、煤沥青、RX-80 树脂
	动植物油系	脂肪油系	脂肪酸:硬脂酸、油酸、蓖麻酸、月桂酸等
			脂肪油:柿子油、亚麻仁油等植物油及植物油热炼的聚合油等
			油膏:黑油膏、白油膏
		松油系	松焦油、松香、萜烯树脂、妥尔油等
	合成系	酯类化合物	邻苯二甲酸酯类:邻苯二甲酸二丁酯、邻苯二甲酸二辛酯等
			脂肪二元酸酯类:癸二酸二辛酯等
			脂肪酸酯类:油酸丁酯等
			磷酸酯类:磷酸三甲苯酯等
			聚酯类
		液体聚合物	液体丁腈、液体聚丁二烯、液体聚异丁烯、半固态氯丁、氟蜡等

1.5　研究的意义、目的和内容

1.5.1　研究的意义

再生橡胶行业在我国废旧橡胶综合利用中已成为主力军,我国已把再生橡胶列为继 NR 和合成橡胶[最大量的合成橡胶为丁苯橡胶(SBR)]之后的第三大橡胶资源。再生橡胶的来源以废旧轮胎为主,据前面介绍每年全球轮胎报废 15亿多条,国内每年产生 2.33 亿条废旧轮胎,如果废弃之,不仅是对资源的巨大浪费,而且还会对环境造成严重的污染[87-89]。所以研究轮胎再生橡胶(TRR)的生产和使用非常必要。

农业轮胎相对于载重轮胎来说,一般行驶速度慢,工作环境相对较差,所以农业轮胎对力学性能、耐磨性能、高速性要求低,但对耐刺扎性、耐撕裂性、耐老化性要求高。为了满足这些使用性能要求,在农业轮胎胎面中采用较高用量的低温乳聚 SBR 达 20～50 份[90]。研究农业轮胎用 SBR/TRR 共混胶制备、性能及机理有着重要的意义。

（1）在农业轮胎中使用 SBR/TRR 共混胶能改善低温乳聚 SBR 的加工性能

低温乳聚 SBR 分子主链上引入了庞大的苯级侧基，并在丁二烯 1,2-结构上形成乙烯侧基，空间位阻大，分子链柔性差，相对分子链分布窄，缺少低分子级别的增塑作用，因此加工性能差[91]。具体表现在混炼时，对配合剂的湿润能力差，升温快，设备负荷大；压延时，胶料收缩性大；压出时操作困难，半成品膨胀率大；成型时自黏性差。大型农业轮胎胎面用量较大，若胶料升温快，混炼时间长，不仅胶料容易焦烧，且消耗功率大；大型农业轮胎压延帘布宽，热贴胶片也宽，若压延时胶料收缩率大，帘布或热贴胶片容易出现折子或边部荷叶边现象；大型农业轮胎胎面厚且宽，若胶料膨胀率大，胎面尺寸不容易控制，造成胎面边部凸凹不平，呈波浪形，胎面半成品浪费多；大型农业轮胎成型工艺复杂，胎胚直径和宽度大，成型时若胶料自黏性差，易于形成胎胚冠部、侧部、圈口部出现脱空、气泡、翘边等现象，造成胎胚报废或硫化后出现残次品等。而 TRR 具有良好的塑性，易与 SBR 和其他生胶和配合剂混合。另外 TRR 加工性能好，塑性好，起到了润滑剂的作用，改善了橡胶的流动性；另外配合了 TRR 的未硫化橡胶在加工时膨胀和收缩性比新橡胶的未硫化胶要小得多，加工容易，成品的形状和尺寸准确，可使混炼加工过程生热减少，避免胶料焦烧（再生橡胶裂解后形成相对分子质量较低的线性结构或小网状碎片的塑性物质，由于交联键和分子链断裂裂解，溶胶部分脱离了硫化橡胶的总网络，它们的相对分子质量只有几千到几十万，而硫化橡胶相对分子质量有 10 万～100 万。凝胶部分虽然仍保持硫化橡胶的三维空间结构，但由于降解而呈非常疏松的结构状态），还可使混炼胶质量均匀，并可节省工时，降低动力消耗（由于再生橡胶的可塑性好，配合剂分散均匀，所以胶料混炼时需要的动力比其他原料要小得多）；也可减少压延时的收缩性和压出时的膨胀性，半成品外观缺陷减少；同时也可增加胶料的自黏性，提高胶料与胶料间、胶料与帘布间的附着力，从而改善了低温乳聚 SBR 的加工性能[92-94]。

（2）在农业轮胎中使用 SBR/TRR 共混胶可改善低温乳聚 SBR 的硫化性能

低温乳聚 SBR 为不饱和橡胶，双键数目少，且不存在甲基侧基及其推电子作用，双键的活性较低，硫化速度慢，添加 TRR 进行共混，可加快胶料的硫化速度,且硫化还原倾向小。

(3) 提高耐老化性

填充 TRR 的橡胶制品耐老化性能会提高很多,因为再生橡胶已经预先接受了硫化、混炼和氧化等激烈处理。橡胶烃已经成为不能再变化的稳定状态。特别是暴露在日光下时耐候性良好[95]。

(4) 耐油性能和耐酸碱性优异

配合了再生橡胶的橡胶制品耐油性和耐酸碱性优异,这是因为再生橡胶的极性比普通硫化橡胶极性大。

(5) 在农业轮胎中使用 TRR 可增加轮胎通过性

农业轮胎行驶路面质量差,要求轮胎通过性强,其主要特征之一就是传递较大的牵引力,牵引力 $T=A\times C+W\times tg\ \varPhi(A$ 为接地面积,C 为土壤黏聚系数,W 为轮胎作用于土壤的质量,$\varPhi$ 为土壤摩擦系数)。TRR 密度一般为 $1.3\sim 1.5\ g/cm^3$ 之间,而 SBR 密度一般在 $0.91\sim 0.95\ g/cm^3$ 之间,采用 TRR 代替SBR,可增加轮胎重量,增加牵引力 T,从而提高轮胎的通过性。

(6) 在农业型轮胎中使用 SBR/TRR 共混胶可降低生产成本

SBR 价格较高,约为 $10\sim 18$ 元/kg,而 TRR 价格较低,约为 $2.0\sim 6.0$ 元/kg,SBR 的价格约为 TRR 价格的 $3\sim 9$ 倍。另外 TRR 还含有大量有价值的炭黑、氧化锌和软化剂等,节约了生胶和配合剂,降低了成本。

由于农业轮胎胎体大,工艺复杂,加工性能和使用性能均要求较高,采用SBR/TRR 共混胶不仅可改善胎面胶的加工性能、硫化性能、耐老化性能、通过性能,而且可降低生产成本,另外更大程度上做到了资源循环利用,降低了污染,保护了环境。

1.5.2 研究的目的

通过以上分析得出在农业轮胎中添加高用量的丁苯橡胶是必须的,但为了改善丁苯橡胶的加工性能,降低轮胎生产成本需要将丁苯橡胶和轮胎再生橡胶共混使用,本研究的目的就是选择什么样的轮胎再生橡胶符合性能和环保要求;农业轮胎用 SBR/TRR 共混胶选择何种共混体系(生胶体系)、填充补强体系、防护体系、硫化体系、软化增塑体系相配合,性能最优;农业轮胎用 SBR/TRR 共混胶选择何种制备方法其性能较优。

1.5.3 研究的内容

通过研究确定农业轮胎用 SBR/TRR 共混胶最佳共混体系、填充补强体系、防护体系、硫化体系、软化增塑体系、最佳制备方法（包括共混方法、硫化方法），具体研究内容如下：

① 农业轮胎用 SBR/TRR 共混胶共混体系及机理分析；

② 农业轮胎用 SBR/TRR 共混胶填充补强体系及机理分析；

③ 农业轮胎用 SBR/TRR 共混胶防护体系及作用机理分析；

④ 农业轮胎用 SBR/TRR 共混胶硫化体系及选择原因分析；

⑤ 农业轮胎用 SBR/TRR 共混胶软化增塑体系及作用分析；

⑥ 农业轮胎用 SBR/TRR 共混胶制备方法及性能的研究。

通过对农业轮胎用 SBR/TRR 共混胶制备、性能及机理的研究，最终确定 SBR/TRR 共混胶的共混体系（即生胶体系）、填充补强体系、防护体系、硫化体系、软化增塑体系相配合的农业轮胎配方和较佳的共混方法、硫化方法，并将研究成果应用到农业轮胎中去。

2　农业轮胎用 SBR/TRR 共混胶共混体系及机理分析

2.1　引　言

　　橡胶配方一般包括生胶体系、老化防护体系、填充补强体系、硫化体系和软化增塑体系,其中生胶体系是最主要的一个体系。为了满足轮胎的力学性能、磨耗性能等,在生胶体系中一般选择天然橡胶(NR)、顺丁橡胶(BR)和丁苯橡胶(SBR)并用作为生胶体系。但由于农业轮胎工作环境恶劣,速度较低,所以农业轮胎的力学性能和磨耗性能比载重轮胎低,但耐刺扎性、耐撕裂性能要求较高,一般在生胶体系中会填充高份量的 SBR。通过前文可知,在农业轮胎中填充 SBR/TRR 共混胶体系意义重大,不仅可以解决 SBR 的一些缺点,改善 SBR 胶料的加工性能和硫化性能,降低生产成本,也可以提高企业经济效益,并且可做到 TRR 的循环利用,降低环境污染[96-99]。

　　本次实验选择 NR、BR、SBR、TRR 并用作为生胶体系,且以 SBR、TRR 为变量设置不同的配方进行共混胶结构形态表征、加工性能(门尼黏度测试)、硫化性能(硫化特性测试)、力学性能、撕裂性能、磨耗性能等研究。

2.2　实　验

2.2.1　主要原材料

　　(1) 轮胎再生橡胶

　　轮胎再生橡胶,选择衡水金都橡胶化工有限公司生产的废载重子午线轮胎胎面部分作为再生橡胶来源,按国家标准 GB/T 13460—2016 进行硫化,再生橡胶基础配方见表 2-1。

表 2-1　轮胎再生橡胶基础配方

原材料名称	再生橡胶	促进 NOBS	氧化锌	硫黄	硬脂酸
质量份	100	0.8	2.5	1.2	0.3
合计	104.8				

（2）其他原材料

其他原材料有:20#标准胶,新远大橡胶（泰国）有限公司;丁苯胶 1502,中国石油天然气集团有限公司;顺丁胶 9000,苏州宝禧化工有限公司;硬脂酸、防护蜡,中国石化集团南京化学工业有限公司;防老剂 RD、芳烃油,兰州化学工业公司;氧化锌、防老剂 4020、均匀分散剂 MS,上海智孚化工科技有限公司;防老剂 BLE、促进剂 NOBS,上海成锦化工有限公司;中超炭黑 N220,河北大光明实业集团巨无霸炭黑有限公司;硫黄,浙江黄岩浙东橡胶助剂有限公司;抗热氧剂 RF,安徽固邦化工有限公司。

2.2.2　主要仪器和设备

等离子体发射光谱(ICP-OES)5100VDY/GS-002A、气相色谱-质谱联用仪(GC-MS)7890B/GS-001A、可见光分光光度计 V1600PC/GS-003A,安捷伦科技（中国）有限公司;切胶机 660-I 型、开炼机 X(S)K-160、平板硫化机 QLB-500/Q,无锡市第一橡塑机械有限公司;扫描电子显微镜(SEM)Hitachi S-4800,日立高新公司;示差扫描量热仪(DSC)Q20,TA instruments 公司;硬度计邵尔 LX-A、密度测试仪 XS365M、无转子门尼黏度仪 NW-97、无转子硫化仪 GT-M2000-A、高低温拉力试验机 GT-AI-7000-GD、压缩生热测定仪 RH-2000N,高铁检测仪器（东莞）有限公司;阿克隆磨耗试验机 WML-76,江都市新真威试验机械有限公司。

2.2.3　试样制备

（1）基本配方

实验基础配方（质量份）为:NR(20#),37.5;BR9000,25;ZnO,5;SA,3.75;防老剂 BLE,0.75;防老剂 RD,1.25;防老剂 4020,2.5;防护蜡,3.125;中超炭

黑 N220,75;芳烃油,13.75;抗热氧剂 RF,13.75;均匀分散剂 MS,1.875;硫黄,2.5;促进剂 NOBS,1.625。将 SBR 和 TRR 进行不同比例的共混,选用 11 个共混比进行试验,丁苯橡胶 1502 和轮胎再生橡胶基础用量见表 2-2。

表 2-2　不同共混比的 SBR/TRR 共混胶基础配方　　　　单位:质量份

材料名称	1#	2#	3#	4#	5#	6#	7#	8#	9#	10#	11#
SBR1502	100.0	90.0	80.0	70.0	60.0	50.0	40.0	30.0	20.0	10.0	0
TRR	0	10.0	20.0	30.0	40.0	50.0	60.0	70.0	80.0	90.0	100.0

（2）制备工艺

11 个配方的混炼胶均采用三段混炼法进行制备,第一段,先将不同配比的 SBR1502 和 TRR 共混,混炼均匀,下片,冷却,停放 6 h,制备成 SBR/TRR 共混胶;第二段,将 50 份的中超炭黑 N220 与 SBR/TRR 共混胶混炼,下片,冷却,停放 16 h,制备成母炼胶;第三段,先将 NR、BR 与 SBR/TRR 共混胶混炼,然后添加 25 份炭黑及其他配合剂;第四段,最后加入硫黄和促进剂 NOBS,下片,冷却,停放 16 h,制备成终炼胶[100-101]。

2.2.4　分析与测试

再生橡胶性能测试:按照 GB/T 13460—2016 进行再生橡胶力学性能测试,按照 GB/T 13460—2016、IEC62321:2013、AfPS GS 2014:01 PAK、CPSC-CH-C1001-09.3 进行再生橡胶品质检测、欧盟 RoHS 指令检测、高关注度物质检测。

扫描电子显微镜(SEM)分析:用 Hitachi S-4800 型场发射扫描电子显微镜对样品形貌特点进行分析。

示差扫描量热仪(DSC)测试:按照 GB/T 19466.2—2004 进行玻璃化转变温度测试。

物理机械性能测试:按照 GB/T 1232.1—2016 进行门尼黏度测试;按照 GB/T 16584—1996 进行硫化特性测试;按照 GB/T 531.2—2009 进行硬度测试;按照 GB/T 533.2—2008 进行密度测试;按照 GB/T 528—2009 进行拉伸性能测试;按照 GB/T 529—2008 进行撕裂性能测试;按照 GB/T 1689—2014 进行阿克隆磨耗量测试;按照 GB/T 1687.3—2016 进行动态压缩生热测试。

2.3 结果与讨论

2.3.1 再生橡胶性能测试

对轮胎再生橡胶进行了品质检测、欧盟 RoHS 指令检测、高关注度物质检测。轮胎再生橡胶物理、化学性能指标测试数据见表 2-3。

对比 GB/T 13460—2016 国家标准,对于欧盟 RoHS 指令、高关注度物质含量要求,选择使用的轮胎再生橡胶不仅符合性能要求,又符合环保要求[102-103]。

(1)再生橡胶品质检测

对轮胎再生橡胶进行了加热减量、灰分、丙酮抽出物等主要化学性能测试,还对轮胎再生橡胶进行拉伸强度、扯断伸长率、门尼黏度、密度检测。通过测试与分析得出所选择的轮胎再生橡胶符合 GB/T 13460—2016 国家标准规定的TA1 级标准。

(2)欧盟 RoHS 指令检测

按照 SJ/T 11365—2006 标准采用 XRF 光谱法、X 射线荧光仪进行了铅(Pb)、汞(Hg)、镉(Cd)的含量检测;采用比色法进行了六价铬(Cr(Ⅵ))的含量检测;采用气相色谱-质谱(GC-MS)法,选用离子检测模式(SIM)进行了有机溴化合物 PBBs、PBDEs 的含量检测;通过测试和分析,Pb、Hg、Cr(Ⅵ)、PBBs、PB-DEs 等有害物质的含量均小于 0.1%(1 000 ppm),Cd 的含量小于 0.01%(100 ppm),符合欧盟 RoHS 指令检测标准。

(3)高关注度物质(SVHC)检测

按 REACH 法规要求对 16 种多环芳烃萘、苊烯、苊、芴、菲、蒽、荧蒽、芘、苯并(a)蒽、䓛、苯并(b)荧蒽、苯并(k)荧蒽、苯并(a)芘、茚苯(1,2,3-cd)芘、二苯并(a,h)蒽、苯并(ghi)苝(二萘嵌苯)进行了高关注度物质(SVHC)检测,通过测试与分析,这些物质在轮胎再生橡胶中的质量比均未测出或小于 0.1%,说明所选择的轮胎再生橡胶符合高关注度物质(SVHC)要求。

2.3.2 不同共混体系 SBR/TRR 共混胶结构形态的表征

图 2-1 是不同共混体系 SBR/TRR 共混胶的 SEM 图,以便于直观观测所制备共混胶的微观表面形貌。

表 2-3 轮胎再生橡胶化学、物理性能指标表

测试类别	项目	实测值	检出限	标准	单位	结论	备注
基本性能	密度	1.11	—	≤1.18	g/cm³	符合	符合 GB/T 13460—2016 国家标准规定的再生胶 TA1 级标准
塑性测定	门尼黏度 ML100 ℃(1+4)	86	—	≤95	—	符合	
力学性能	拉伸强度	15.07	—	≥14	MPa	符合	
	伸长率	432	—	≥420	%	符合	
化学成分测定	加热减量	0.6	—	1	mg/kg	符合	
	灰分	8	—	10	mg/kg	符合	
	丙酮抽出物	17	—	18	mg/kg	符合	
欧盟 RoHS 指令检测	铅(Pb)	30.27	2	≤1 000	mg/kg	符合	
	镉(Cd)	N.D.	2	≤100	mg/kg	符合	
	汞(Hg)	N.D.	2	≤1 000	mg/kg	符合	
	六价铬(Cr(Ⅵ))	3.34	2	≤1 000	mg/kg	符合	
	多溴联苯之和(PBBs)	N.D.	—	≤1 000	mg/kg	符合	
	邻苯二甲酸二丁酯(DBP)	N.D.	30	≤1 000	mg/kg	符合	
	邻苯二甲酸丁酯苄酯(BBP)	N.D.	30	≤1 000	mg/kg	符合	
	邻苯二甲酸二(2-乙基己基)酯(DEHP)	N.D.	30	≤1 000	mg/kg	符合	
	邻苯二甲酸二异丁酯(DIBP)	N.D.	30	≤1 000	mg/kg	符合	

表 2-3（续）

测试类别	项目	实测值	检出限	标准	单位	结论	备注
高关注度物质（SVHC）检测	萘	0.67			mg/kg		91-20-3
	苊烯	/			mg/kg		208-96-8
	苊	/			mg/kg		83-32-9
	芴	/			mg/kg		86-73-7
	菲	/			mg/kg		85-01-8
	蒽	/			mg/kg		120-12-7
	荧蒽	/			mg/kg		206-44-0
	芘	/			mg/kg		129-00-0
	苊烯、苊、芴、菲、蒽、荧蒽、芘的总和	267.03		高关注度物质在再生橡胶中的质量比小于 0.1%	mg/kg	质量之和为 548.5 mg，含量小于 1 000 mg/kg	/
	苯并（a）蒽	150.24			mg/kg		56-55-3
	䓛	18.48			mg/kg		218-01-9
	苯并（b）荧蒽	N.D.			mg/kg		205-99-2
	苯并（k）荧蒽	112.08			mg/kg		207-08-9
	苯并（a）芘	N.D.			mg/kg		50-32-8
	茚并（1,2,3-cd）芘	N.D.			mg/kg		193-39-5
	二苯并（a,h）蒽	N.D.			mg/kg		53-70-3
	苯并（g,h,i）二萘嵌苯	N.D.			mg/kg		191-24-2

说明：N.D.表示未检出（低于方法检出限）。

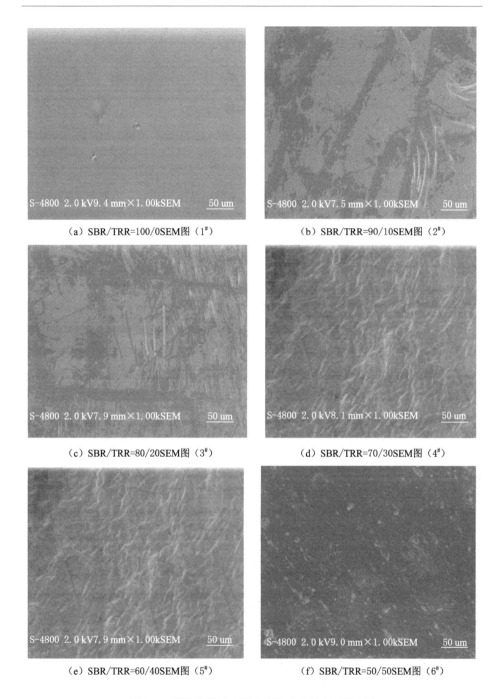

（a）SBR/TRR=100/0SEM 图（1#）

（b）SBR/TRR=90/10SEM 图（2#）

（c）SBR/TRR=80/20SEM 图（3#）

（d）SBR/TRR=70/30SEM 图（4#）

（e）SBR/TRR=60/40SEM 图（5#）

（f）SBR/TRR=50/50SEM 图（6#）

图 2-1　不同共混比 SBR/TRR 共混胶的 SEM 图

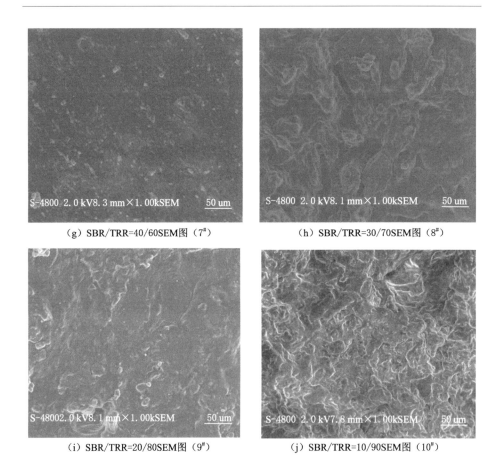

（g）SBR/TRR=40/60SEM图（7#）　　　　（h）SBR/TRR=30/70SEM图（8#）

（i）SBR/TRR=20/80SEM图（9#）　　　　（j）SBR/TRR=10/90SEM图（10#）

（k）SBR/TRR=0/100SEM图（11#）

图 2-1（续）

SBR 和 TRR 共混时采用开炼机共混,辊筒速比为 1∶1.35,前辊线速度为 11.91 mm/min,前辊温度为 50 ℃,后辊温度为 55 ℃,SBR 和 TRR 共混 1.5 min 后,薄通 8 次(薄通辊距为 0.8 mm,辊筒方法为先 4 包后 4 卷),薄通后辊距调整为 3.0 mm,下片停放 24~48 h。

从图 2-1 中可以明显地看出随着 SBR/TRR 共混比由 100/0 变成 40/60 时,即共混胶总份数为 100 份时,共混 10~60 份 TRR,SBR 和 TRR 两项均能很好地共混,仍为均相体系,但 SBR/TRR 共混比由 40/60 变成 0/100 时,即共混胶总份数为 100 份时,共混 70 份以上 TRR 时胶料表面非常不平整,共混效果较差。其原因为填充轮胎再生橡胶份数多时,轮胎再生橡胶变为连续相(海),丁苯橡胶为分散相(岛),出现"海-岛结构"。

2.3.3 不同共混体系 SBR/TRR 共混胶差示扫描量热分析

共混物的相容性可以通过共混物的玻璃化转变温度(T_g)来描述组分相容性的好坏[104],下面研究了不同共混比对共混生胶 T_g 的影响规律。1# ~11# 不同共混比 SBR/TRR 共混胶的 DSC 曲线如图 2-2 所示,1# ~11# 不同共混比 SBR/TRR 共混胶的玻璃化转变温度(T_g)如表 2-4 所示。

从表 2-4 和图 2-2 中可以看出 1# 胶纯 SBR 的 T_g 为 −51.02 ℃,11# 胶纯 TRR 的 T_g 为 −56.11 ℃,TRR 的 T_g 比 SBR 的 T_g 低 5.09 ℃,说明 SBR 的耐低温性比再生橡胶差一些。这主要是由于 SBR 的主体结构为反式 1,4-结构,结构类型单一,分子结构不规整,分子结构较紧,特别是庞大苯基侧基的引入,使分子间力加大,耐寒性较差。2# 至 7# SBR/TRR 共混胶共混比从 90/10 变成 40/60,即共混胶总份数为 100 份时,共混了 10~60 份 TRR,它们的 T_g 均在 1# 胶纯 SBR 的 T_g 和 11# 胶纯 TRR 的 T_g 之间,且随着 TRR 份数的增加,SBR/TRR 共混胶的 T_g 越来越接近于 TRR 的 T_g,说明 2# 至 7# SBR/TRR 共混胶之间相互扩散,并能产生较强的相互作用,两胶共混后相容性非常好,共混体系为均相体系。但 8# ~10# SBR/TRR 共混胶均有两个 T_g,且一个 T_g 接近于 SBR 的 T_g,一个 T_g 接近于 TRR 的 T_g,说明 8# ~10# SBR/TRR 共混胶为两相体系,且为部分相容体系,因为共混了更多份的 TRR 形成了"海-岛结构"。综上所述,通过不同共混比 SBR/TRR 共混胶差示扫描量热(DSC)分析,当 SBR/TRR 共混胶总份数为 100 份时,共混 60 份以下 TRR,共混结构比较合理,填充更高份 TRR 时,共混结构就会出现"海-岛结构"[105],影响共混胶混炼均匀性,对胶料的性能造成很大影响。

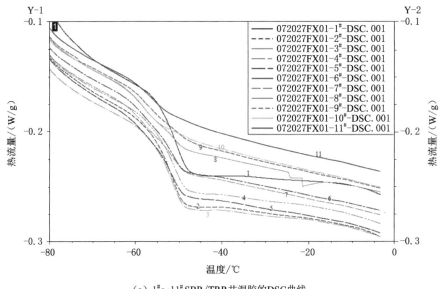

（a）1#～11# SBR/TRR共混胶的DSC曲线

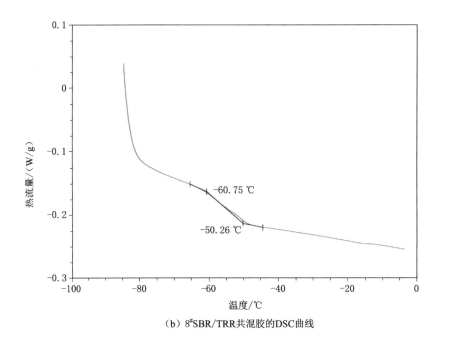

（b）8#SBR/TRR共混胶的DSC曲线

图 2-2　不同共混比 SBR/TRR 共混胶的 DSC 曲线

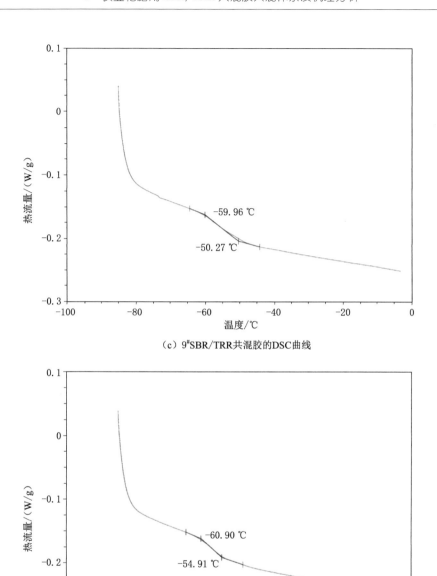

（c）9#SBR/TRR共混胶的DSC曲线

（d）10#SBR/TRR共混胶的DSC曲线（温度（℃）—热流量（W/g）

图 2-2 （续）

表 2-4　不同共混比 SBR/TRR 共混胶的玻璃化转变温度 T_{g}

配方	1#	2#	3#	4#	5#	6#
T_{g}/℃	−51.02	−51.99	−51.85	−51.63	−52.07	−52.48
配方	7#	8#	9#	10#	11#	
T_{g}/℃	−53.27	−60.75/−50.26	−59.96/−50.27	−60.90/−54.91	−56.11	

2.3.4　混炼胶性能

（1）门尼黏度

不同共混比的 SBR/TRR 共混胶门尼黏度值见表 2-5。从表 2-5 可以看出，随着 SBR/TRR 共混比由 100/0 变成 0/100 时，即当 SBR/TRR 共混胶总份数为 100 份时，随着 TRR 用量的增加，最大门尼黏度和门尼黏度值均呈下降趋势，如图 2-3 所示。说明随着共混胶中 TRR 用量的增加，共混胶的相对分子质量越低，可塑性越好，胶料加工性能提高。其原因为 TRR 在制备过程中通常添加了 10～20 份煤焦油、松焦油、松香、双戊烯等软化剂，软化剂为低分子物质，容易进入硫化胶网状中去，起到溶胀作用，使网状结构松弛，从而增加了氧化渗透的作用，有利于网状结构的氧化断裂，并能降低重新结构化的可能性，加快了塑混炼过程，提高了塑炼效果[106]。另外软化剂能溶于 SBR、NR、BR 等橡胶大分子中且本身具有一定的黏性，因此可提高共混胶的塑性和黏性，表现出较低的门尼黏度。从表 2-5 也可以看出 8#～11# 胶的门尼黏度较低，说明填充 TRR 达 60 份以上的胶料相对分子质量太低，造成胶料的塑性太高，混炼时容易粘辊，不易操作。

表 2-5　不同共混比 SBR/TRR 共混胶的门尼黏度值

配方	平均门尼黏度	最大门尼黏度	配方	平均门尼黏度	最大门尼黏度
1#	59.3	130.6	7#	43.9	90.9
2#	57.8	110.3	8#	43.6	86.1
3#	50.9	105.3	9#	41.5	75.0
4#	50.3	100.9	10#	40.1	66.7
5#	44.8	95.2	11#	38.3	61.2
6#	44.2	92.3			

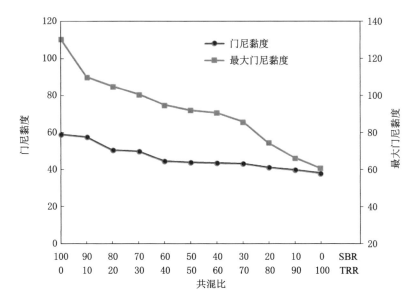

图 2-3 共混比对 SBR/TRR 共混胶门尼黏度的影响

（2）硫化特性

本次实验硫化特性设定测试条件如下：温度为 150 ℃，测试时间为 44 min。不同共混体系 SBR/TRR 共混胶的硫化时间见表 2-6，共混比对 SBR/TRR 共混胶硫化时间的影响见图 2-4。

表 2-6　不同共混比 SBR/TRR 共混胶的硫化特性值

配方	t_{10}/s	t_{90}/s	t_{100}/s
1#	312	1 273	2 578
2#	248	970	1 986
3#	278	862	1 634
4#	246	769	1 623
5#	220	699	1 458
6#	210	662	1 281
7#	157	614	1 043
8#	152	602	1 035
9#	83	582	960
10#	80	550	939
11#	70	521	910

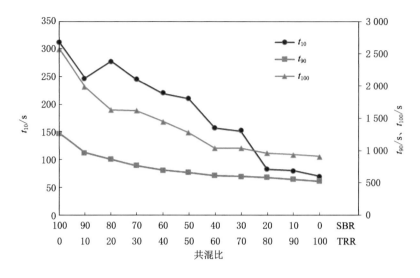

图 2-4　不同共混比对 SBR/TRR 共混胶硫化时间的影响

由表 2-6 和图 2-4 可知：随着 SBR/TRR 共混比由 100/0 变成 0/100 时，即当 SBR/TRR 共混胶总份数为 100 份时，随着轮胎再生橡胶用量的增加 t_{10}、t_{90} 和 t_{100} 的数据很有规律地呈下降趋势，所用的硫化时间也越来越短，说明添加 TRR 可以减少农业轮胎用 SBR/TRR 共混胶硫化时间，但当 TRR 份数达到 60 份以上时，焦烧时间 t_{10} 又太短了。对于厚制品轮胎来说，t_{10} 太短，胶料在硫化前的加工和存放过程中容易出现早期焦烧现象，操作安全性大大降低，另外胶料焦烧时间短，不便于轮胎胶料硫化充模，容易出现花纹缺胶、圆角现象。其原因为低温乳聚 SBR 为不饱和橡胶，双键数目少，且不存在甲基侧基及其推电子作用，双键的活性较低，硫化速度慢，而添加了 TRR 进行共混后，提高了双键的活性，胶料的硫化速度提高，且硫化返原倾向小。另外再生橡胶中已含有结合硫，并含有交联的小网状碎片，硫化速度快且硫化平坦性好，硫化返原倾向性小[106]。而 2# 配方的 t_{10} 出现了比 3# 配方短的原因可能为 2# 配方在混炼时混炼过程偏长，混炼热积累效应大，所以表现出稍短的焦烧时间。

2.3.5　硫化胶性能

对硫化胶进行了基本性能测试、力学性能测试、磨耗性能测试、疲劳性能试验等，物理机械性能数据见表 2-7。

表 2-7　不同共混比 SBR/TRR 共混胶的物理机械性能

项目		1#	2#	3#	4#	5#	6#	7#	8#	9#	10#	11#
基本性能	密度/(g/cm³)	1.139	1.141	1.147	1.151	1.157	1.169	1.173	1.188	1.196	1.204	1.212
	硬度（邵 A）	55	57	61	63	67	71	72	72	73	73	75
力学性能	拉伸强度/MPa	13.40	13.51	12.53	11.83	11.50	11.43	11.67	10.22	10.28	9.56	8.13
	扯断伸长率/%	726	741	661	586	534	506	420	412	409	289	273
	100%定伸应力/MPa	1.55	1.54	1.68	1.88	2.39	2.55	3.23	3.28	3.21	3.40	3.45
	300%定伸应力/MPa	4.61	4.75	5.27	5.80	7.30	7.35	8.92	9.05	8.98	—	—
	撕裂强度/(N/mm)	36.32	40.25	41.26	63.01	67.43	67.53	85.78	76.23	70.27	68.35	60.79
磨耗性能	阿克隆磨耗/cm³	0.15	0.14	0.18	0.17	0.16	0.20	0.13	0.13	0.13	0.16	0.16
疲劳性能	动态压缩生热/℃	45.4	47.7	45.7	50.5	34.1	32.9	32.0	37.9	43.1	50.3	52.5

随着 SBR/TRR 共混胶中 TRR 用量的增加,胶料密度呈上升趋势,这样可以增加农业轮胎的重量,增加农业轮胎作业时的通过性,趋势图见图 2-5。

随着 SBR/TRR 共混胶中 TRR 用量的增加,胶料硬度呈上升趋势,这样可以增加农业轮胎的耐刺扎性,减少轮胎的早期破坏,趋势图见图 2-5。

随着 SBR/TRR 共混胶中 TRR 用量的增加,胶料拉伸强度整体呈下降趋势,但 1# 至 7# 配方拉伸强度均在 11 MPa 以上,均能满足农业轮胎的使用要求。但 TRR 填充到 60 份以上时胶料的拉伸性能就降到了 11 MPa,甚至 10 MPa 以下,已不能满足农业轮胎的力学性能要求,趋势图见图 2-6。

随着 SBR/TRR 共混胶中 TRR 用量的增加,胶料扯断伸长率逐渐下降,10# 和 11# 配方的扯断伸长率均低于 300%,已不能满足农业轮胎的力学性能要求,趋势图见图 2-6。

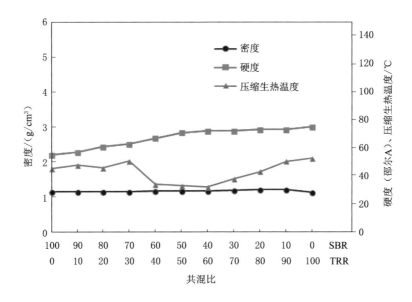

图 2-5　共混比对 SBR/TRR 共混胶密度、硬度、压缩生热温度的影响

随着 SBR/TRR 共混胶中 TRR 用量的增加,胶料的 100% 定伸应力和 300% 定伸应力整体呈增大的趋势,趋势图见图 2-6。但由于 10# 和 11# 配方的扯断伸长率均低于 300%,所以 300% 定伸应力无法测出。

随着 SBR/TRR 共混胶中 TRR 用量的增加,胶料的撕裂强度呈现先增加后降低的趋势,趋势图见图 2-6。在填充 TRR60 份时,即 7# 配方撕裂强度最大。而对于农业轮胎来说工作环境差,提高胶料的撕裂强度可大大提高轮胎的使用寿命。

随着 SBR/TRR 共混胶中 TRR 用量的增加,胶料的耐磨性能有一定的变化,其中 7#、8#、9# 配方,即填充 TRR 60 份、70 份、80 份时磨耗量稍小,磨耗性能最好。

在 SBR/TRR 共混胶中填充不同用量的 TRR,胶料的压缩生热性能也不一样,随着填充 TRR 的增加,压缩生热温度先升高,后降低,在填充 TRR 60 份时最低,然后随着填充 TRR 份数的增加,胶料压缩生热温度又有升高(趋势图见图 2-6)。其原因为填充 TRR 60 份时,胶料仍然为均相体系,SBR 和 TRR 相容性好,且 TRR 高填充时胶料网状结构较松弛,结构化程度低,所以 7# 胶料压缩生热温度最低,从而胶料的生热变形也小,轮胎的老化时间和因温度高造成的脱空、崩花掉块现象减少,可以提高轮胎的使用寿命。

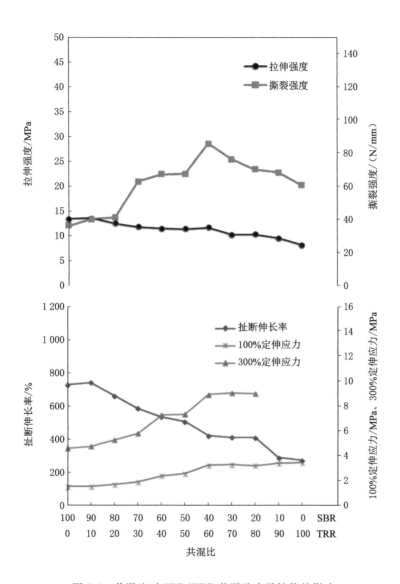

图 2-6　共混比对 SBR/TRR 共混胶力学性能的影响

2.4 共混胶共混机理分析

2.4.1 共混胶形态分析

橡胶共混胶形态是橡胶共混研究的一个重要内容,共混胶形态的研究之所以非常重要,是因为共混胶的形态与共混胶的性能有密切关系,而共混胶的形态又受到共混工艺条件和共混胶组分配方的影响。共混胶的形态分析就成了研究共混工艺条件、共混胶组分配方与共混胶性能关系的重要中间环节。

共混胶形态是多种多样的,但一般分为均相体系和两相体系两种类型。两相体系又分为"海-岛结构"和"海-海结构"。"海-岛结构"也叫"单相连续体系",一相为连续相,一相为分散相,分散相分散在连续相中,就像海岛分散在大海中一样。对于"海-岛结构"两相体系,由于分散相和连续相对共混体系性能的贡献不同,所以在共混物的形态观测和研究中,首先要确定两相体系中哪一种橡胶为连续相、哪一种橡胶为分散相。"海-海结构"也叫"两相连续体系",两相均为连续相,相互贯穿[107]。

2.4.2 共混胶相容性分析

在共混胶改性研究中,如果一种共混胶具有类似于均相材料所具有的性能,这种共混胶就可以认为是具有均相结构的共混胶,一般情况下用玻璃化转变温度(T_g)作为判定标准。也就是说若两种橡胶共混后,形成的共混胶具有单一的 T_g,且 T_g 在两共混物的 T_g 之间,则可认为该共混胶为均相体系,如果形成的共混物具有两个 T_g,则认为该共混物为两相体系。

不同橡胶之间相互容纳的能力不同,某些聚合物之间具有很好的相容性,有些橡胶之间则只有限的相容性,还有一些橡胶之间几乎没有相容性,共混胶根据相容性的不同可分为完全相容共混胶、部分相容共混胶和不相容共混胶[108]。

(1)完全相容共混胶

完全相容的橡胶共混体系,其共混胶可形成均相体系。共混胶具有单一的 T_g,且 T_g 介于两共混物的 T_g 之间。

(2)部分相容共混胶

部分相容共混胶,其共混胶为两相体系,共混胶具有两个 T_g,且两个 T_g 峰较每一种橡胶自身的 T_g 峰更为接近。

（3）不相容共混胶

不相容橡胶的共混胶也有两个 T_g 峰，且两个 T_g 峰的位置与每一种橡胶自身的 T_g 峰是基本相同的，如图 2-7 所示。

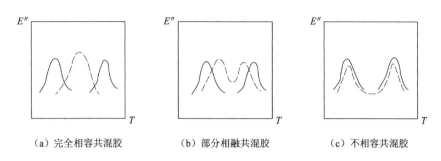

　　（a）完全相容共混胶　　　　（b）部分相融共混胶　　　　（c）不相容共混胶

图 2-7　以 T_g 表征橡胶共混胶相容性的示意图

通过对比共混胶共混形态和相容性共混机理分析得出，当填充 10～60 份 TRR 时，共混胶的 T_g 均在 1# 胶纯 SBR 的 T_g 和 11# 胶纯 TRR 的 T_g 之间，且随着 TRR 份数的增加，SBR/TRR 共混胶的 T_g 越来越接近于 TRR 的 T_g，说明农业轮胎用 SBR/TRR 共混胶中 SBR、TRR 之间相互扩散，并能产生较强的相互作用，两胶共混后相容性非常好，共混体系为均相体系。但 8#～10# 共混胶均有两个 T_g，且一个 T_g 接近于 TRR 的 T_g，一个 T_g 接近于 SBR 的 T_g，说明 8#～10# 共混胶为两项体系，且为部分相容体系，因为共混了更多份的 TRR 共混胶就形成了"海-岛结构"，即再生橡胶成为连续相（海相），SBR 成为分散相（岛相），分散相 SBR 分散在连续相 TRR 中，这样不仅不能改善丁苯橡胶的工艺性能，反而影响胶料的物理机械性能。

2.5　小　结

通过实验得知，改变 SBR 和 TRR 的共混比对农业轮胎用 SBR/TRR 共混胶性能的影响是非常大的。

（1）轮胎再生橡胶 TRR 的性能

通过对轮胎再生橡胶 TRR 进行品质检测、欧盟 RoHS 指令检测、高关注度物质检测，其物理、化学指标不仅符合性能要求，又符合环保要求。

（2）SBR/TRR 共混胶结构形态

通过对不同共混比 SBR/TRR 共混胶的结构形态进行 SEM 表征和差示扫描量热分析(DSC),可以得出 SBR/TRR 共混胶中共混 60 份以下 TRR 时,SBR 和 TRR 两相能很好地共混,具有一个 T_g,为均相体系,但共混 TRR 60 份以上时,共混胶出现"海-岛结构",TRR 为连续相(海相),SBR 为分散相(岛相),共混胶出现两个 T_g,且居于 TRR 的 T_g 和 SBR 的 T_g 之间,说明共混 TRR 60 份以上时,共混胶为两相部分相容体系,这不仅不能改善 SBR 的加工性能,反而会影响胶料的加工性能、硫化性能和物理机械性能。

(3)胶料的加工性能

随着 SBR/TRR 共混胶中 TRR 用量的增加,胶料门尼黏度降低,塑性增加,相对分子质量降低,可提高胶料的加工性能。但当 TRR 填充达 60 份以上时胶料的门尼黏度和最大门尼黏度太大,胶料相对分子质量太低,塑性太低,混炼时容易粘辊,不易操作。这说明填充轮胎再生橡胶可以改善丁苯橡胶的加工性能,但填充太多即 60 份以上时,又会影响共混胶的混炼。

(4)硫化胶的硫化性能

随着 SBR/TRR 共混胶中 TRR 用量的增加,胶料的 t_{10}、t_{90} 和 t_{100} 呈有规律的下降趋势,说明添加 TRR 可以减少农业轮胎用 SBR/TRR 共混胶硫化时间,但当 TRR 份数达到 60 份以上时,焦烧时间 t_{10} 又太短,不足 2 min,会导致厚制品轮胎在硫化早期出现焦烧现象或硫化过程中出现花纹、圆角现象。

(5)硫化胶的性能

随着 SBR/TRR 共混胶中 TRR 用量的增加,胶料密度、硬度、定伸应力均呈增大的趋势;随着 SBR/TRR 共混胶中 TRR 用量的增加,胶料拉伸强度、扯断伸长率整体呈下降趋势;随着 SBR/TRR 共混胶中 TRR 用量的增加,胶料的撕裂强度呈现先增加后降低的趋势,在 SBR/TRR 共混比为 40/60 时,即 TRR 填充 60 份时撕裂强度最大;填充 TRR 50 份、60 份时磨耗性能最好,生热温度最低。

综上所述,在农业轮胎 SBR/TRR 共混胶中共混 TRR 60 份以下时,TRR 可以改善 SBR 的加工性能和硫化性能;SBR/TRR 共混胶比为 40/60 时,即当 SBR 和 TRR 总份数 100 份,TRR 达 60 份时,胶料加工性能最好,硫化用时最短,撕裂强度最大,磨耗性能、动态压缩性能最好,拉伸强度、硬度均能满足要求。

3 农业轮胎用 SBR/TRR 共混胶填充补强体系及机理分析

3.1 引 言

　　轮胎常用填充补强剂有炭黑、白炭黑、活性碳酸钙、氧化锌、无机填料等。其中炭黑补强效果最好，能提高轮胎胶料的拉伸强度、定伸应力、耐磨性能等。但炭黑加工方法多样，品种多种，仅根据粒径大小不同就分为 N100～N900 和 S200、S300 11 个系列，每个系列又有多个品种，每个品种的粒径大小、结构性和表面化学性质均有区别。所以至于哪种炭黑或哪些炭黑并用填充农业轮胎效果较好，需要进行多系列实验进行验证。农业轮胎对撕裂强度要求很高，撕裂强度要达到 75 N/mm，硬度(邵 A)要达到 60～70，耐老化性和耐压缩生热也要求较高，只填充炭黑无法完全达到要求，本书合成了一种新型填充补强剂 TK301，和炭黑并用填充补强农业轮胎，可以同时达到拉伸性能、撕裂性能、耐磨性能和压缩生热性能等要求。

　　二氧化钛(TiO_2)是与人们生活密切相关的一种重要原料，当其粒径下降到纳米级别时，由于其特殊的结构层次，其具备较好的吸收紫外线的光学性能和光催化性能，因此成为近几年的研究热点[109-111]。Asahi 等以氮替代少量的晶格氧使 TiO_2 的带隙变窄，在不降低紫外光活性的同时，使 TiO_2 具有可见光活性[112]。合肥工业大学吕珺等以 $TiCl_4$ 为钛源，采用水解-沉淀法制备出云母负载纳米 TiO_2 光催化剂(TiO_2/M)[113]。中南大学张军等以四氯化钛为钛源，在绢云母表面水解、沉积二氧化钛，制备了绢云母@二氧化钛结构，在此基础上以水玻璃为硅源制备了绢云母@二氧化钛/二氧化硅复合体系[114]。中国地质大学侯喜锋、丁浩等采用机械力化学方法，通过绢云母颗粒表面包覆二氧化钛的方式制备了"核-壳"结构绢云母(Ser)/TiO_2复合颗粒材料[115]。纳米二氧化钛常用于塑料、涂料、油漆、化妆品等领域,有很好的耐候性,可屏蔽紫外线,防止紫外线的侵害。但目前还没有发现二氧化钛在橡胶制品中的应用。本书制备了一种功能性二氧化钛/绢云母复合材料(简称 TK301),其由作为载体的无机非金属矿物质绢云母、担载在该载体上的纳米二氧化钛层以及担载在纳米二氧化钛层上的紫外线防护功能层及抗菌功能层组成[116]。本书将 TK301 材料在 SBR/TRR 共混胶中进行应用,实验表明 TK301 在 SBR/TRR 共混胶中应用,不仅可降低材料成本,而且可提高胶料的致密性、抗菌性、耐老化性能及力学性能等。该材料具有很好的推广应用前景。研究还发现将高份量 TK301 用于农业轮胎胎面中时,虽然胶料拉伸强度很高,但撕裂强度不能达到农业轮胎要求,但将炭黑和 TK301 并用,撕裂强度增加,达到了使用要求,提高了农业轮胎胎面的耐啃性和耐撕裂性,延长了轮胎使用寿命。

3.2 实 验

3.2.1 主要原材料

绢云母(Ser),1 250 目,粒径 0.2～100 μm,呈酸性,广东亿峰化工科技有限公司;二氧化钛,pH8,洛阳林诺化工有限公司;二氯氧锆 AR,广州伟伯化工有限公司;纯品 $AgNO_3$,郑州亿祥化工原料销售公司;硫酸、六偏磷酸钠、聚丙烯酰胺、聚乙二醇 1200、聚乙烯醇、聚酰亚胺聚、丙烯酸钠、氢氧化钠、硅酸钠、氯化钠均为市售产品。SBR1502,中国石油天然气有限责任公司;轮胎再生橡胶 TRR,衡水金都橡胶化工有限公司;20# 标准胶,新远大橡胶(泰国)有限公司;顺丁胶 9000,苏州宝禧化工有限公司;沉淀法白炭黑,山东海化集团有限公司;硬脂酸、防护蜡,中国石化集团公司南京化学工业有限公司;ZnO、防老剂 4020、防老剂 1040NA、均匀分散剂 MS,上海智孚化工科技有限公司;防老剂 RD、芳烃油,兰州市化学工业公司;各类促进剂,上海成锦化工有限公司;高耐磨炭黑N330、通用炭黑 N660,四川实达化工有限责任公司;中超炭黑 N220,河北大光明实业集团巨无霸炭黑有限公司;硫黄,浙江黄岩浙东橡胶助剂有限公司;抗热氧剂 RF,安徽固邦化工有限公司;古马隆、PEG 均为市售产品。

3.2.2 主要仪器和设备

全自动新型鼓风干燥箱:ZFD-A5040 型,上海智城分析仪器制造有限公司;

精密电动搅拌器:JJ-1 型,常州国华电器有限公司;透射电子显微镜:TEM2100f,日本电子有限公司;能谱分析仪 EDS51XMX1058,牛津 xoford 公司;紫外可见近红外分光光度计(UV-Vis-NIR Spectrophotometer):M268441型,美国 Midwest 公司;

切胶机 660-I 型、开炼机 X(S)K-160、平板硫化机 QLB-500/Q,无锡市第一橡塑机械有限公司;无转子门尼黏度仪 NW-97、无转子硫化仪 GT-M2000-A、密度测试仪 XS365M、高低温拉力试验机 GT-AI-7000-GD、炭黑分散仪 GT-505-C&D、阿克隆磨耗试验机 GT7012-A、屈挠龟裂试验机 YS-25、臭氧老化机 DAL-0500、压缩生热测定仪 RH-2000N,高铁检测仪器(东莞)有限公司;硬度计邵 LX-A、冲击弹性仪 WTB-0.5、测厚仪 WHT-10A、冲片机 CP-25,江都市新真威试验机械有限公司;热空气老化箱 RLH-225,南京五和试验设备有限公司。

3.2.3 新型填充补强 TK301 的制备

(1) TiO$_2$/Ser 复合材料的制备

TiO$_2$/Ser 复合材料的制备步骤分以下四步完成。

第一步,首先将 1 100 g 水、70 g 硫酸、1.6 g 六偏磷酸钠、0.4 g 聚丙烯酰胺配成混合溶液,然后将 400 g 绢云母加入该混合溶液中,在 80～90 ℃下,搅拌形成均匀分散的悬浮液;

第二步,首先称量 50 g 四氯化钛备用,然后将含有 3.0 g 聚乙二醇 1200、1.0 g 聚乙烯醇(PVA)、0.5 g 聚酰亚胺分散剂的水溶液 110 g 滴加到四氯化钛中,配制稳定的四氯化钛水解液;

第三步,首先将四氯化钛水解液滴加到含绢云母的悬浮液中反应 4 h,然后过滤水洗至滤液的 pH 值接近 4;

第四步,首先将第三步得到的混合物在 150 ℃下干燥 8 h,无机非金属矿物绢云母就担载到二氧化钛上了,即得到 TiO$_2$/Ser 复合材料。

(2) 功能性 TiO$_2$/Ser 复合材料的制备

具有紫外线屏蔽防护功能又具有抗菌功能的功能性 TiO$_2$/Ser 复合材料的制备步骤分以下五步完成。

第一步,将 400 g TiO$_2$/Ser 复合材料、0.2 g 聚丙烯酸钠、0.4 g 焦磷酸钠加入 1 200 g 水中充分搅拌,制备分散均匀的混悬液 A;

第二步,首先将混悬液 A 加热至 80 ℃,慢慢加入浓度为 10% 的氢氧化钠,调节 pH 值到 10,然后将 150 g 浓度为 10% 的硅酸钠水溶液、10% 的硫酸水溶

液加入混悬液,仍维持 pH 值为 10,得到混悬液 B;

第三步,首先将混悬液 B 降温至 70 ℃,加入浓度为 10%的硫酸溶液,调节 pH 值到 8,然后将 120 g 浓度为 4%的二氯氧锆(具有紫外线防护功能)溶液加入混悬液中,同时加入 10%的硫酸水溶液,仍维持 pH 值为 8,得到混悬液 C;

第四步,首先将 50 g 浓度为 1%的硝酸银(具有抗菌功能)水溶液加入混悬液 C 中,同时再加入 3%氯化钠水溶液,维持 pH 值为 8 不变,得到混悬液 D;

第五步,首先将混悬液 D 的浆料过滤、水洗,然后将滤饼在 150 ℃下干燥 8 h,最后将滤饼粉碎至 1 250 目,即制得既具有紫外线屏蔽防护功能又具有抗菌功能的 TiO_2/Ser 复合材料,取名 TK301,可作为橡胶填充补强材料使用。TK301 基本性能对比沉淀法白炭黑(WB)的基本性能,如表 3-1 所示。

表 3-1　填充补强材料的性能指标

填充补强材料	外观	白度	水悬浮 pH 值	粒径 /nm	105 ℃ 挥发物/%	325 目 筛余物	吸油值 /(cm³/g)	比表面积 /(m²/g)
TK301	白色粉末	95	6.5	65	5	0.01	0.9	240
沉淀法 白炭黑	白色粉末	95	6.2	100	6	0.05	2	170

3.2.4　基础配方

3.2.4.1　TK301 与沉淀法白炭黑对比的基础配方

既具有紫外线防护功能又具有抗菌功能的 TiO_2/Ser 复合材料 TK301 作为填充补强剂填充在 SBR/TRR 共混胶中,并与橡胶常用填充补强剂沉淀法白炭黑填充在 SBR/TRR 共混胶中作对比,基础配方(质量份)如下:

(1)填充沉淀法白炭黑的 SBR/TRR 共混胶基础配方

SBR1502,70,TRR,30;硫黄,2.0;ZnO,5.0;促进剂 DM,1.5;促进剂 D,0.5;古马隆,5.0;硬脂酸,1.0;沉淀法白炭黑,40;PEG 2.5。合计 157.5。

(2)填充 TK301 的 SBR/TRR 共混胶基础配方

SBR1502,70;TRR,30;硫黄,2.0;ZnO,5.0;促进剂 DM,1.5;促进剂 D,0.5;古马隆,5.0;硬脂酸,1.0;TK301,40/80/100/120;PEG 2.5/4.0/5.0/5.5。合计 157.5/199/200/220.5。

3.2.4.2　TK301 与炭黑的基础配方对比

（1）高填充 TK301 与炭黑在 SBR/TRR 共混胶中基础配方对比

将 40/80/100/120 份的 TK301 填充于农业轮胎配方与填充不同品种和份数的炭黑配方进行对比研究，基础配方见表 3-2。

表 3-2　高填充 TK301 和炭黑在 SBR/TRR 共混胶中的基础配方对比

单位：质量份

	配方	1#	2#	3#	4#	5#	6#	7#	8#	9#	10#	11#	12#	13#
一段混炼母炼胶	SBR1502	40	40	40	40	40	40	40	40	40	40	40	40	40
	精细再生橡胶	60	60	60	60	60	60	60	60	60	60	60	60	60
	NR(标1#)	30	30	30	30	30	30	30	30	30	30	30	30	30
	BR9000	20	20	20	20	20	20	20	20	20	20	20	20	20
	氧化锌	4.0	4.0	4.0	4.0	4.0	4.0	4.0	4.0	4.0	4.0	4.0	4.0	4.0
	硬脂酸	3.0	3.0	3.0	3.0	3.0	3.0	3.0	3.0	3.0	3.0	3.0	3.0	3.0
	防老剂4010NA	3.0	3.0	3.0	3.0	3.0	3.0	3.0	3.0	3.0	3.0	3.0	3.0	3.0
	防老剂4020	1.0	1.0	1.0	1.0	1.0	1.0	1.0	1.0	1.0	1.0	1.0	1.0	1.0
	防老剂RD	1.5	1.5	1.5	1.5	1.5	1.5	1.5	1.5	1.5	1.5	1.5	1.5	1.5
	石蜡	1.5	1.5	1.5	1.5	1.5	1.5	1.5	1.5	1.5	1.5	1.5	1.5	1.5
	芳烃油	11	11	11	11	11	11	11	11	11	11	11	11	11
	热抗氧剂RF	1.5	1.5	1.5	1.5	1.5	1.5	1.5	1.5	1.5	1.5	1.5	1.5	1.5
	均匀分散剂	1.5	1.5	1.5	1.5	1.5	1.5	1.5	1.5	1.5	1.5	1.5	1.5	1.5
二段混炼终炼胶　填充补强体系	中超炭黑N220	60	—	—	25	25	—	10	25	25	—	—	—	—
	高耐磨炭黑N330	—	60	—	35	—	25	25	10	25	—	—	—	—
	通用炭黑N660	—	—	60	—	35	35	25	25	10	—	—	—	—
	TK301										40	80	100	120
	硫黄	2.5	2.5	2.5	2.5	2.5	2.5	2.5	2.5	2.5	2.5	2.5	2.5	2.5
硫化体系	促进剂NOBS	1.5	1.5	1.5	1.5	1.5	1.5	1.5	1.5	1.5	1.5	1.5	1.5	1.5
	防焦剂CTP	0.1	0.1	0.1	0.1	0.1	0.1	0.1	0.1	0.1	0.1	0.1	0.1	0.1

（2）TK301 和炭黑并用于 SBR/TRR 共混胶中的基础配方

将少量 TK301 和高耐磨炭黑 N330、通用炭黑 N660 并用研究，基础配方见表 3-3。

表 3-3　TK301 和炭黑并用的农业轮胎用 SBR/TRR 共混胶基础配方

单位:质量份

配方		1#	2#	3#	4#	5#	6#	7#
一段混炼母炼胶	SBR1502	40	40	40	40	40	40	40
	精细再生橡胶	60	60	60	60	60	60	60
	NR(标 1#)	30	30	30	30	30	30	30
	BR9000	20	20	20	20	20	20	20
	氧化锌	4.0	4.0	4.0	4.0	4.0	4.0	4.0
	硬脂酸	3.0	3.0	3.0	3.0	3.0	3.0	3.0
	防老剂 4010NA	3.0	3.0	3.0	3.0	3.0	3.0	3.0
	防老剂 4020	1.0	1.0	1.0	1.0	1.0	1.0	1.0
	防老剂 RD	1.5	1.5	1.5	1.5	1.5	1.5	1.5
	石蜡	1.5	1.5	1.5	1.5	1.5	1.5	1.5
	芳烃油	11	11	11	11	11	11	11
	热抗氧剂 RF	1.5	1.5	1.5	1.5	1.5	1.5	1.5
	均匀分散剂	1.5	1.5	1.5	1.5	1.5	1.5	1.5
填充补强体系	高耐磨炭黑 N330	25	25	25	25	25	25	25
	通用炭黑 N660	35	35	35	35	35	35	35
	TK301	0	5	10	15	20	25	30
硫化体系	硫黄	2.5	2.5	2.5	2.5	2.5	2.5	2.5
	促进剂 NOBS	1.5	1.5	1.5	1.5	1.5	1.5·	1.5
	防焦剂 CTP	0.1	0.1	0.1	0.1	0.1	0.1	0.1

3.2.5　制备工艺

3.2.5.1　TK301 与沉淀法白炭黑制备工艺对比

（1）生胶塑炼

将 SBR 采用开炼机薄通塑炼,薄通塑炼工艺条件为:辊距 0.8 mm,辊温 50 ℃,薄通次数 8 次,停放时间 8 h,制得 SBR 塑炼胶。

（2）母炼胶混炼

首先将 SBR 塑炼胶包辊,加入 TRR 混炼均匀,然后加入氧化锌、硬脂酸、促进剂混炼均匀。混炼工艺条件为:辊距 3.0 mm;前辊温 55 ℃、后辊温 50 ℃;下片厚度 4.0 mm,停放 8 h,制得母炼胶。

（3）生胶混炼

将功能性复合材料 TK301（或沉淀法白炭黑）、硫黄、PEG 与母炼胶进行混炼均匀，混炼工艺条件为：辊距 3.0 mm；前辊温 55 ℃、后辊温 50 ℃；下片厚度 4.0 mm，下片存放 24 h，制得生胶。

（4）硫化

将生胶胶料进行硫化得成品胶料。硫化条件为：硫化温度 150 ℃，硫化压力 15.0 MPa，硫化时间根据 t_{90} 数据而定。

3.2.5.2　高用量 TK301 与炭黑制备工艺对比

首先将 SBR 塑炼与 TRR 混炼成 SBR/TRR 共混胶；然后添加 50 份的炭黑（将炭黑混合均匀）或 TK301，与 SBR/TRR 共混制成母胶；再与 NR、BR 混炼；然后添加其余炭黑或 TK301 及其他配合剂；最后加入硫黄和促进剂。混炼辊温、辊距、下片厚度、停放时间、硫化温度、时间和压力的选择同"3.2.5.1 TK301 与沉淀法白炭黑对比制备工艺"所述。

3.2.5.3　TK301 与炭黑并用制备工艺

首先将 SBR 塑炼与 TRR 混炼成 SBR/TRR 共混胶；然后添加 2/4/6/8/10/12/14/16 份的 TK301，混炼均匀；再将 50 份的炭黑（将高耐磨炭黑 N330 与通用炭黑 N660 混合均匀）与 SBR/TRR 共混制成母胶；再与 NR、BR 混炼；然后添加其余炭黑及其他配合剂；最后加入硫黄和促进剂。混炼辊温、辊距、下片厚度、停放时间、硫化温度、时间和压力的选择同"3.2.5.1 TK301 与沉淀法白炭黑对比制备工艺"所述。

3.2.6　测试与表征

担载量检测：按标准《二氧化钛颜料》（GB/T 1706—2006），采用金属铝还原法对复合材料二氧化钛担载量进行检测。

材料形貌检测：将 TiO_2/Ser 复合材料以 0.1% 的浓度分散在乙醇溶剂中，在超声波中超声 20 min，得到均一混悬液。将该混悬液滴加在铜网上，用投射电子显微镜-能谱联用仪高倍进行复合材料形貌观察。

二氧化钛层担载牢度检测：将 1.0 g TiO_2/Ser 用 20 g 乙醇配制成 5% 的混悬液，用转速为 10 000 转/min 的高速分散均质机分散 4 h，再用乙醇将混悬液浓度稀释为 0.05%，取 0.02 mL 稀释液作为样本，选择颗粒明显、均匀且集中区域用透射电子显微镜观察。

紫外可见漫反射光谱分析：用紫外可见近红外分光光度计（UV-Vis-NIR Spectrophotometer)检测功能性复合材料的紫外可见漫反射吸收性能,波长范围 175～3 300 nm,波长精度±0.1 nm,波长重复性:UV/Vis(氙灯 Lines)<0.020 nm。

抗菌功能分析:按《光催化抗菌材料及制品抗菌性能的评价》(GB/T 23763—2009)进行胶料抗菌性能检测。

橡胶物理性能分析:按《未硫化橡胶 用圆盘剪切黏度计进行测定 第 1 部分:门尼黏度的测定》(GB/T 1232.1—2016)进行未硫化橡胶门尼黏度测试;按《橡胶 用无转子硫化仪测定硫化特性》(GB/T 16584—1996)进行胶料硫化特性测定;按《硫化橡胶或热塑性橡胶 压入硬度试验方法 第 2 部分:便携式橡胶国际硬度计法》(GB/T 531.2—2009)进行胶料硬度测定;按《硫化橡胶或热塑性橡胶 密度的测定》(GB/T 533—2008)进行硫化橡胶密度测试;按《硫化橡胶回弹性的测定》(GB/T 1681—2009)进行硫化橡胶冲击弹性测试;按《硫化橡胶或热塑性橡胶 拉伸应力应变性能的测定》(GB/T 528—2009)进行胶料拉伸性能测定;按《硫化橡胶或热塑性橡胶撕裂强度的测定(裤形、直角形和新月形试样)》(GB/T 529—2008)进行胶料撕裂性能测定;按《硫化橡胶 耐磨性能的测定(用阿克隆磨耗试验机)》(GB/T 1689—2014)进行硫化橡胶磨耗性能测试;按《硫化橡胶或热塑性橡胶 热空气加速老化和耐热试验》(GB/T 3512—2014)进行橡胶热氧老化情况测试;按《硫化胶或热塑性橡胶 耐臭氧龟裂 静态拉伸试验》(GB/T 7762—2014)进行硫化橡胶臭氧老化性能测试;按《硫化橡胶或热塑性橡胶 屈挠龟裂和裂口增长的测定(德墨西亚型)》(GB/T 13934—2006)进行硫化橡胶屈挠龟裂性能测试;按《硫化橡胶在屈挠试验中温升和耐疲劳性能的测定 第 3 部分:压缩屈挠试验(恒应变型)》(GB/T 1687.3—2016)进行硫化橡胶动态压缩生热试验。

3.3　结果与讨论

3.3.1　TiO_2/Ser 复合材料担载量分析

按 GB/T 1706—2006,用金属铝还原法对复合材料的二氧化钛担载量进行检测,得到二氧化钛担载量为 5%。

3.3.2　TiO_2/Ser 复合材料微观形貌分析

图 3-1(a)～(d)是 TiO_2/Ser 复合材料的投射电镜照片(TEM),图 3-1(a)～

(d)放大倍数分别为 6 000×、15 000×、30 000×和 60 000×。图 3-1 显示,复合材料产品在绢云母载体上担载有纳米二氧化钛层,二氧化钛层由多个二氧化钛纳米球组成,二氧化钛纳米球又由多个二氧化钛纳米单颗粒组成。二氧化钛纳米单颗粒的直径尺寸为 4~20 nm,二氧化钛纳米球的直径尺寸为二氧化钛纳米单颗粒的直径尺寸的 2~200 倍。

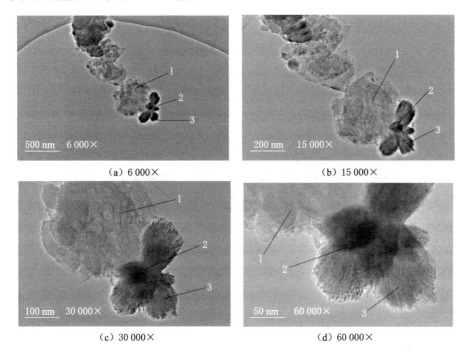

（a）6 000×　　　　　　　　（b）15 000×

（c）30 000×　　　　　　　　（d）60 000×

1—绢云母载体;2—二氧化钛纳米球;3—二氧化钛纳米单颗粒。

图 3-1　TiO₂/Ser 复合材料的 TEM 图

图 3-2 是单个 TiO₂ 透射电镜-能谱图(TEM-EDS),放大倍数为 100 000×。从图 3-2 分析结果得出氧含量为 53.96%,钛含量为 46.04%,总计为 100%,这说明担载在 Ser 载体上的物质确实是 TiO₂ 纳米颗粒。

3.3.3　TiO₂/Ser 复合材料担载牢固度分析

图 3-3 中的(a)和(b)分别是以 5 000×和 20 000×放大倍率的透射电镜照片,从图 3-3 可以直观地看到,TiO₂/Ser 复合材料经高速分散均质机分散后,未出现明显的游离二氧化钛纳米球。由此表明,纳米二氧化钛层牢固地担载于绢云母片层表面之上。

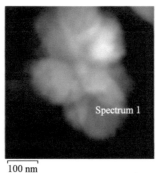

100 nm

元素	K因子	吸收修正	重量比/%	重量比方差
O	2.020	1.00	53.96	0.42
Ti	1.090	1.00	46.04	0.42
合计			100	

图 3-2　TiO₂ 的透射电镜-能谱图（TEM-EDS）

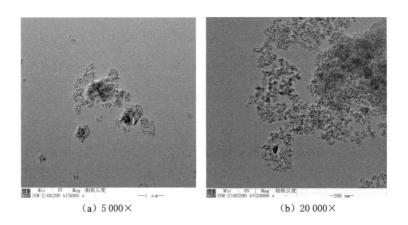

（a）5 000×　　　　　　　　（b）20 000×

图 3-3　TiO₂/Ser 复合材料高速分散后的 TEM 图

3.3.4　TK301 与白炭黑在 SBR/TRR 共混胶中的应用性能比较

导致橡胶发生老化的因素很多，主要有物理因素、化学因素和生物因素。物理因素主要包括光、热、电、应力等，化学因素主要包括氧、臭氧、酸碱等，生物因素主要包括是霉菌、细菌等。具有抗紫外线和抗菌功能的 TiO_2/Ser 复合材料应用在 SBR/TRR 共混胶中，可以很好地解决 SBR/TRR 共混胶因光、霉菌等造成的老化现象。

3.3.4.1　紫外线防护功能分析

将制得样品用紫外可见近红外分光光度计(UV-Vis-NIR Spectrophotometer)检测功能性 TiO_2/Ser 复合材料的紫外可见漫反射吸收性能，所得光谱图见图 3-4。从图中可以看出样品对 $200\sim387$ nm 范围内的光线具有很强的吸收，因而该材料具有很好的紫外线屏蔽功能。根据能带理论，可计算出纳米 TiO_2 的最大吸收波长为 387 nm[117]。

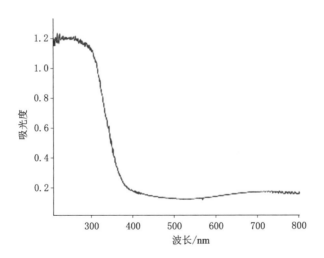

图 3-4　TiO_2/Ser 复合材料的光谱图

导致橡胶发生老化的物理因素主要包括光、热、电、应力等，其中紫外光因波长短、能量大，对橡胶的危害更大，把具有紫外线防护功能的 TiO_2/Ser 复合材料应用在 SBR/TRR 共混胶中可以减少因紫外光照射所造成的老化现象，延长橡胶使用寿命。从后面的光氧、热氧老化试验中也可看出填充 40/80/100/120 份的 TK301,SBR/TRR 共混胶的耐老化性大大提高。

3.3.4.2 抗菌功能分析

按《光催化抗菌材料及制品 抗菌性能的评价》(GB/T 23763—2009)标准检测,数据见表 3-4。填充 40/80/100/120 份的 TK301 比填充 40 份沉淀法白炭黑的 SBR/TRR 共混胶胶料抗菌性好,可应用在胶鞋大底、海绵内底、食品包装制品、医药制品中,可有效地提高产品的防霉变性。

表 3-4 含有不同填料的 SBR/TRR 共混胶的抗菌作用

配方		填充 白炭黑 40 份	填充 TK301 40 份	填充 TK301 80 份	填充 TK301 100 份	填充 TK301 120 份
抗菌性能 (杀菌率)	金黄色葡萄球菌	0	>90%	>92%	>95%	>95%
	大肠杆菌	0	>90%	>92%	>95%	>95%
	白色念球菌	0	>90%	>92%	>95%	>95%
	防霉级别	4 级	1 级	1 级	1 级	1 级
	有无杀菌性	无	有	有	有	有

3.3.4.3 橡胶物理性能分析

将所得的橡胶试片按以下标准进行试验:GB/T 16584—1996、GB/T 531.1—2008、GB/T 529—2008、GB/T 528—2009,测得数据见表 3-5。

(1)力学性能提高

从表 3-5 可以看出:填充 40/80/100/120 份的 TK301 的拉伸性能、撕裂性能比填充 40 份沉淀法白炭黑的 SBR/TRR 共混胶胶料高。

(2)抗老化性能提高

从表 3-5 和图 3-5 可以看出:填充 40/80/100/120 份的 TK301 的热氧老化性能和臭氧老化性能比填充 40 份沉淀法白炭黑的 SBR/TRR 共混胶胶料均提高,有效地提高了产品的耐老化性能,这对所有暴露在空气中的橡胶制品来说非常重要,可有效地解决或减轻因老化带来的裂口或褪色问题,提高制品使用寿命。

(3)致密性能提高

从表 3-5 可以看出填充 40/80/100/120 份的 TK301 比填充 40 份沉淀法白炭黑的 SBR/TRR 共混胶胶料的透气率低,可应用在汽车内胎、无内胎轮胎内衬层、医用瓶塞、医用袋、密封材料中,有效地提高了产品致密性。

表 3-5 含有不同填料的 SBR/TRR 共混胶的物理机械性能

	性能	填充白炭黑—40份	填充 TK301—40份	填充 TK301—80份	填充 TK301—100份	填充 TK301—120份	备注
硫化性能	t_{10}/s	361	230	140	67	136	温度 150 ℃
	t_{90}/s	1 332	1 202	920	450	944	
基本性能	硬度	75	69	72	75	85	
力学性能	拉伸强度/MPa	11.82	13.96	17.21	18.68	14.46	
	伸长率/%	583	600	665	716	585	
	100%定伸应力/MPa	1.57	2.02	3.0	4.87	2.36	
	300%定伸应力/MPa	3.48	4.77	5.01	6.78	5.24	
	撕裂强度/(N/mm)	32.66	36.24	41.79	45.79	34.57	
老化性能	光氧,热氧老化/月	75 天有裂口,且褪色严重	95 天无裂口现象,轻微褐色	138 天无裂口,微褪色	180 天无裂口现象,轻微褪色	180 天无裂口现象,轻微褪色	室外房顶暴晒
	臭氧老化	试样 24 h 出现裂口,72 h 双面大量裂口	试样 36 h 出现裂口,72 h 出现边部裂口,双面针眼状裂口,且密集	试样 47 h 出现裂口,72 h 出现边部裂口,双面针眼状裂口 10 多个	试样 52 h 出现裂口,72 h 边部少量裂口	试样 52 h 出现裂口,72 h 边部少量裂口	浓度(50±5)×10^{-6},温度 40 ℃±2 ℃,相对湿度 60%
致密性能	透气率/[m²/(Pa·s)]	56.36×10^{-18}	42.18×10^{-18}	30.29×10^{-18}	25.00×10^{-18}	26.02×10^{-18}	

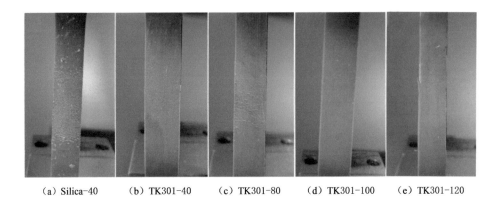

(a) Silica-40　　　(b) TK301-40　　　(c) TK301-80　　　(d) TK301-100　　　(e) TK301-120

图 3-5　含有不同填料的 SBR/TRR 共混胶的臭氧老化裂口

　　另外在 SBR/TRR 共混胶中可填充 40 份以上 120 份以下的 TK301,而白炭黑最多只能填充 40 份,否则胶料会产生结构化,混炼无法操作,填充多份量的 TK301 可大大降低含胶率,降低材料成本。

3.3.4.4　热稳定分析

　　图 3-6 为不同补强剂填充到 SBR/TRR 共混胶中的热重分解曲线。测试条件为氮气氛围。从图 3-6 中可以看出,与沉淀法白炭黑相比,TK301 加入 SBR/TRR 共混胶中,复合材料的热稳定性明显提高。而且随着 TK301 用量的增加,胶料的热稳定性逐渐增加。可见,与沉淀法白炭黑相比,功能化 TK301 复合材料可以有效地提高胶料的热稳定性。

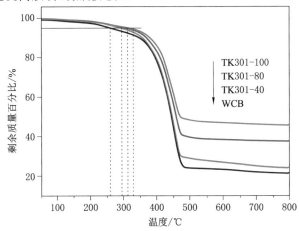

图 3-6　含有不同填料的 SBR/TRR 共混胶的热重分解曲线

3.3.5 高填充 TK301 与炭黑在 SBR/TRR 共混胶中的应用性能比较

3.3.5.1 未硫化胶塑性测试

通过无转子门尼黏度仪对未硫化胶塑性进行测试(温度:100 ℃,预热时间 1 min,测试时间 4 min),13 组配方胶料的门尼黏度值见表 3-6。

表 3-6 含有不同填料的 SBR/TRR 共混胶的门尼黏度值

配方	平均门尼黏度	最大门尼黏度	配方	平均门尼黏度	最大门尼黏度
1#	65.0	106.4	8#	57.5	88.7
2#	57.6	92.0	9#	60.3	90.2
3#	51.2	79.8	10#	52.8	75.2
4#	60.4	95.9	11#	50.4	74.1
5#	54.9	87.9	12#	49.8	68.7
6#	39.5	63.2	13#	46.6	66.2
7#	54.5	85.0			

通过表 3-6 分析得出 1# 配方(60 份中超炭黑 N220)门尼黏度较高,塑性较差;6# 配方(25 份高耐磨炭黑 N330 和 35 份通用炭黑 N660)门尼黏度最低,塑性较高。因为 N220 粒径太小,比表面积太大,混炼时耗能大,不易分散,而高耐磨炭黑 N330 和通用炭黑 N660 粒径变大,在混炼时容易分散。另外也可得出填充 TK301 胶料的门尼黏度均比填充炭黑胶料的门尼黏度要小,且随着填充份数的增加,门尼黏度也呈下降趋势。这说明填充 TK301 的胶料比填充炭黑的胶料流动性好,塑性低,塑炼效果好。因为 TK301 粒径在 65 nm 左右,比 N220、N330、N660 粒径均要小,混炼时产生的结构化程度低,胶料混炼快且均匀,另外由于 TK301 在混炼时容易吃粉,混炼能耗少,填充份数是炭黑填充份数的二倍左右,降低了 SBR、NR、BR、TRR 大分子链段间的作用力,便于链段移动。

3.3.5.2 硫化特性测试

通过对填充不同炭黑的 SBR/TRR 共混胶在 160 ℃温度下测试 15 min,13 组配方胶料的硫化特性变化趋势见表 3-7。

表 3-7　含有不同填料的 SBR/TRR 共混胶的硫化特性值

配方	MH/(dN · m)	ML/(dN · m)	t_{10}/s	t_{90}/s	t_{100}/s
1#	52.66	7.72	82	346	760
2#	58.51	6.02	89	379	768
3#	56.66	4.15	96	388	799
4#	59.86	4.42	86	377	763
5#	59.43	5.01	95	389	753
6#	59.93	3.61	92	300	644
7#	59.21	5.09	96	386	750
8#	58.06	5.70	93	403	842
9#	55.14	6.26	122	399	900
10#	55.26	5.80	129	465	923
11#	60.36	6.21	134	489	978
12#	60.97	6.50	146	526	1 008
13#	61.79	6.49	156	578	1 190

通过表 3-7 进行分析:① 1#～9# 胶料填充不同品种和份数炭黑的胶料最大转矩差距不大,其最小转矩差别也不大,焦烧硫化时间、理论正硫化时间、工艺正硫化时间差距也较小,说明填充炭黑做补强体系对胶料的硫化时间影响很小。② 另外通过表 3-7 也看出填充 80 份以上 TK301 胶料的最大转矩和最小转矩都比填充炭黑胶料的要大,且随着 TK301 份数的增加,最大转矩和最小转矩也呈增加趋势,因为填充份数超过 80 份以上 TK301 胶料的硬度和交联密度比填充炭黑胶料的硬度和交联密度要大,且随着 TK301 份数的增加,胶料的硬度和交联密度呈增加趋势。③ 填充 TK301 胶料的焦烧时间、理论正硫化时间、工艺正硫化时间均比填充炭黑胶料的硫化时间要长,说明胶料起硫点晚,硫化时间变长,因为 TK301 表面在混炼过程中会形成一定量的—OH 自由基,这个自由基对硫化体系中的硫化剂和促进剂有一定的吸附作用,延迟了起硫点,增大了硫化时间。

3.3.5.3　物理机械性能测试

（1）基本性能测试

橡胶基本性能测试包括橡胶硬度、密度、冲击弹性。13 组配方胶料基本性能见表 3-8。

表 3-8 含有不同填料的 SBR/TRR 共混胶的基本性能

配方	1#	2#	3#	4#	5#	6#	7#	8#	9#
硬度	73	67	64	69	66	67	66	66	67
密度/(g/cm³)	1.154	1.144	1.153	1.150	1.150	1.152	1.152	1.146	1.151
冲击弹性/%	41	45	50	42	48	48	48	47	45

配方	10#	11#	12#	13#
硬度(邵 A)	69	72	75	78
密度/(g/cm³)	1.146	1.150	1.151	1.156
冲击弹性/%	40	39	38	36

通过表 3-8 进行分析,在填充炭黑的 9 组配方中,1# 配方硬度最高,3# 配方硬度最低,但除 1# 配方硬度高于 70(邵 A)外,其余均满足农业轮胎使用要求;密度和冲击弹性均没有太大变化,因为填充炭黑同份数时对胶料的密度和冲击弹性影响较小;填充 TK301 胶料 80 份以上胶料的硬度比填充炭黑的硬度稍高,且随着 TK301 填充份数的增加硬度增加;填充 TK301 胶料的冲击弹性比填充炭黑的低,且随着 TK301 填充份数的增加硬度升高,冲击弹性降低。这说明填充 TK301 胶料的耐冲击性要比填充炭黑胶料的耐冲击性要低一些,交联密度比填充炭黑的交联密度要高一些,且填充 80 份、100 份、120 份 TK301 胶料的硬度高于 70(邵 A),不能满足农业轮胎的硬度要求。

(2)力学性能和热空气老化性能测试

通过对填充不同炭黑的 13 组 SBR/TRR 共混胶试样分别做老化前和老化后(100 ℃×72 h)硬度和力学性能测试,测试结果见表 3-9。

表 3-9 含有不同填料的 SBR/TRR 共混胶老化前后的力学性能

配 方	1#	2#	3#	4#	5#	6#	7#	8#	9#	10#	11#	12#	13#
老化前拉伸强度/MPa	14.58	13.68	10.50	14.43	12.94	14.66	12.88	13.59	14.22	10.23	11.28	12.09	12.43
老化后拉伸强度/MPa	13.56	11.62	9.74	12.59	10.92	12.49	11.56	11.46	11.29	9.72	10.52	11.40	11.68
老化系数/%	−7	−15	−7	−15	−16	−15	−10	−16	−21	−5	−6	−6	−6
老化前伸长率/%	464	579	446	563	521	463	519	565	637	402	426	452	461
老化后伸长率/%	355	335	348	337	310	337	420	321	323	324	320	335	320

表 3-9(续)

配　方	1#	2#	3#	4#	5#	6#	7#	8#	9#	10#	11#	12#	13#
老化系数/%	−23	−42	−22	−40	−48	−27	−19	−43	−49	−28	−25	−26	−31
老化前 100%定伸应力/MPa	2.99	2.19	2.37	2.61	2.54	2.78	2.47	2.40	2.22	1.94	2.04	2.21	2.30
老化后 100%定伸应力/MPa	5.68	4.45	4.36	4.79	4.70	5.04	4.94	4.34	4.25	3.30	3.62	3.29	3.80
老化系数/%	90	103	84	84	85	81	100	81	91	70	77	49	65
老化前 300%定伸应力/MPa	8.83	6.25	7.12	7.30	7.42	8.06	7.20	6.88	6.03	4.72	5.20	6.75	5.29
老化后 300%定伸应力/MPa	11.75	10.70	9.19	11.76	9.23	10.1	11.55	10.89	10.52	3.51	4.00	5.34	4.03
老化系数/%	33	71	29	61	24	24	60	58	74	26	23	21	24

通过表 3-9 对力学性能和老化性能分析如下。

力学性能对比:老化前填充 TK301 胶料的拉伸强度、伸长率、定伸应力均比填充炭黑胶料的要低,说明 TK301 比炭黑的补强作用要差,但除填充 40 份 TK301 胶料的拉伸强度不能满足力学性能要求外,填充份数为 80 份、100 份、120 份的胶料还是能满足力学性能要求的。填充炭黑的胶料的配方中 6# 配方(即加入了 25 份高耐磨炭黑 N330 和 35 份通用炭黑 N660 做填充补强体系)的拉伸强度最高,因为高耐磨炭黑 N330 粒径较小,比表面积大,易与 SBR、TRR 形成交联吸附相,通用炭黑 N660 粒径在 49~60 nm,虽然粒径相对较大,但该炭黑结构性较高,在胶料中容易分散,所以也容易使每一个炭黑粒子周围形成交联吸附相,提高了胶料的力学性能。

老化性能对比:从表 3-9 中可以看出填充炭黑胶料的拉伸强度老化后比老化前下降了 7%~21%,其中 1#、3#、7# 配方老化系数绝对值最小,其次是 2#、4#、6# 配方。共混胶的伸长率老化后比老化前均下降,下降差别不大。共混胶的定伸应力包括 100%定伸应力和 300%定伸应力,老化后均比老化前升高。从表 3-7 中还可以看出填充 TK301 胶料的老化系数比填充炭黑的老化系数绝对值相对较低,说明填充 TK301 胶料的耐热氧老化性相对较好。因为 TK301 在复合材料上担载了 $ZrOCl_2$ 紫外线屏蔽防护层,阻止了紫外线直接引起的橡胶分子链的断裂和交联,也阻止了橡胶因吸收光能而产生的羟基自由基

（·OH）直接作用在橡胶高分子上，防止了游离的·OH 自由电子与氧气结合产生超氧自由基（·O_2—）氧化降解橡胶高分子，减少氧化链反应[116]，减少了老化现象。另外添加 TK301 的 SBR/TRR 共混胶产生了更稳定的交联结构，交联键键能比较大，硫化胶的耐老化性能提高。

（3）撕裂性能和磨耗性能测试

对 13 组共混胶进行撕裂强度和磨耗性能测试，测试结果见表 3-10。

表 3-10 含有不同填料的 SBR/TRR 共混胶的撕裂性能和磨耗性能

配方	撕裂强度/(N/mm)	阿克隆磨耗量/cm³	配方	撕裂强度/(N/mm)	阿克隆磨耗量/cm³
1#	68.99	0.12	8#	70.14	0.10
2#	70.23	0.14	9#	73.21	0.21
3#	71.22	0.09	10#	36.78	0.47
4#	68.79	0.23	11#	41.99	0.36
5#	75.20	0.10	12#	46.37	0.33
6#	75.69	0.10	13#	38.24	0.28
7#	75.11	0.05			

从表 3-10 可以看出填充炭黑的 5#、6#、7# 配方撕裂性能最好，撕裂强度都大于 70 N/mm，7#、3#、5#、6#、8# 配方的磨耗量较低，耐磨性能较优。填充 TK301 的胶料的撕裂强度比填充炭黑胶料的撕裂强度低 30～40 N/mm，不能满足农业轮胎撕裂性能要求。因为填充 TK301 的胶料填充份数较高，会引起 SBR、NR、BR 等大分子沿拉伸方向的重排，导致撕裂途径改变，降低撕裂能而使撕裂强度降低。

（4）疲劳性能测试

通过屈挠龟裂实验，根据达到 5 万次屈挠次数时试样龟裂情况来判断 13 组配方混炼胶耐疲劳性能的好坏，曲挠龟裂情况见表 3-11。

表 3-11 含有不同填料的 SBR/TRR 共混胶的曲挠性能

序号	现象	试样等级	是否满足农业轮胎要求
1#	最大龟裂处的长度大于 3.0 mm	6 级	否
2#	裂纹长度小于 0.5 mm	2 级	是
3#	龟裂长度大于 0.5 mm，小于 1 mm	3 级	是

表 3-11(续)

序号	现象	试样等级	是否满足农业轮胎要求
4#	龟裂长度大于 0.5 mm,小于 1 mm	3 级	是
5#	龟裂长度大于 0.5 mm,小于 1 mm	3 级	是
6#	2 个针刺点	1 级	是
7#	龟裂处长度大于 0.5 mm 小于 1 mm	3 级	是
8#	1 个针刺点	1 级	是
9#	1 个针刺点	3 级	是
10#	最大龟裂处的长度大于 1.5 mm,小于 3.0 mm	5 级	否
11#	最大龟裂处的长度大于 3.0 mm,且裂口数较多	6 级	否
12#	最大龟裂处的长度大于 3.0 mm,且裂口数较多	6 级	否
13#	最大龟裂处的长度大于 3.0 mm,且裂口数较多	6 级	否

本次实验通过屈挠龟裂程度来判断 13 组配方的好坏。通过表 3-11 可以看出 9 组填充炭黑的配方中只有 1# 配方龟裂程度较大,不能满足要求,其中 6#、8# 试样等级达到 1 级,抗屈挠龟裂性能最优。也可以看出填充 TK301 胶料的耐曲挠龟裂性能比较差,达到 5 级或 6 级,均不能满足农业轮胎使用要求。因为填充 TK301 的胶料填充份数较多,有效交联成分相对较少,交联网络稳定性稍差,在周期性的伸张应力作用过程中,拉伸应力集中部位将产生龟裂裂口,此裂口在垂直方向上扩展,而导致胶料性能下降。

(5)压缩生热性能测试

通过压缩生热实验测定 13 组配方最终压缩生热情况,见表 3-12、表 3-13。

表 3-12　含有不同填料的 SBR/TRR 共混胶的压缩生热性能

序号	压缩生热温度/℃	序号	压缩生热温度/℃
1#	48.0	8#	59.2
2#	40.7	9#	57.3
3#	50.8	10#	40.9
4#	45.8	11#	40.1
5#	41.5	12#	39.8
6#	45.0	13#	37.2
7#	49.0		

表 3-13 含有不同填料的 SBR/TRR 共混胶的终动压缩变形率

配方	h_0/mm	h_3/mm	ε_3/%	配方	h_0/mm	h_3/mm	ε_3/%
1#	24.46	3.34	14	8#	24.65	5.55	23
2#	24.45	5.04	20	9#	24.54	8.08	33
3#	24.65	3.31	15	10#	24.46	3.08	13
4#	24.63	5.86	24	11#	24.51	2.98	12
5#	24.52	3.67	15	12#	24.50	3.01	12
6#	24.46	3.37	14	13#	24.48	3.12	13
7#	24.76	5.28	21				

注：h_0—试样原高度，mm；h_3—试样终动压缩变形量，mm；ε_3—终动压缩变形率，$\varepsilon_3 = h_3/h_0 \times 100\%$。

通过表 3-12 和表 3-13 分析对比得出填充炭黑胶料的 8#、9# 配方生热较高，变形率也较大；5#、6# 配方动态生热温度较低，变形率也较小，压缩生热综合性能较好。填充 TK301 的胶料的动态压缩生热温度比填充炭黑的胶料的动态压缩生热温度要低 10 ℃左右，动态压缩变形率也稍小。因为在同样量的 SBR/TRR 共混胶中填充 TK301 复合材料的份数是填充炭黑份数的 2 倍左右，填料的增加使填料和 SBR/TRR 共混胶的接触面积增加，导致 SBR 和 TRR 的活性中心钝化，也导致填料和 SBR、NR、BR 等大分子之间物理、化学交联点的增加，从而降低了橡胶主链的降解速度，提高了橡胶热稳定性[117]。另外填料份数增加更大程度上阻止了橡胶分子的热运动及空气在 SBR/TRR 共混胶中的扩散，也提高了橡胶的热稳定性，可以减少农业轮胎在使用中的生热现象，可以大大提高轮胎使用寿命。

（6）炭黑分散程度测试

橡胶中炭黑的分散度，即炭黑在胶料中的分散状况及分散均匀程度，直接影响橡胶的性能，如橡胶的拉伸强度、撕裂性能、疲劳性能、耐磨耗性能等。炭黑分散性一共分为 1~10 十个级别，10 级分散性最好，1 级分散性最差。通过炭黑分散测定仪表征来判定填充炭黑的 9 组配方炭黑分散性的好坏，炭黑分散情况见图 3-7 和表 3-14。

通过表 3-14 中可以看出填充炭黑的 9 组配方的粒子分布率相差不大，通过图 3-7 和表 3-14 可以看出 6#、3#、8# 配方胶料的炭黑分散级别达到 8 级或 6 级，级别较高，说明炭黑分散性好，1#、4#、5# 和 9# 配方胶料的炭黑分散级别为 1 级，说明炭黑分散性比较差，经过不同配方对比发现炭黑分散级别较高的 6#、

$3^{\#}$、$8^{\#}$ 配方均填充至少 10 份以上的 N660 炭黑,炭黑分散级别较低的 $1^{\#}$、$4^{\#}$、$5^{\#}$ 和 $9^{\#}$ 配方胶料均填充了 25 份以上的 N220 炭黑。因为 N220 粒径较小,只有 $20\sim25$ nm,比表面积大,混炼时耗能大,不容易分散,所以含较高量 N220 时,炭黑分散级别比较低;而 N660 的粒径比 N220 大得多,是 N220 粒径的 $2\sim3$ 倍大,所以在混炼时容易分散,与 SBR、NR、BR 等大分子混炼较均匀,所以测出的炭黑分散级别较高。

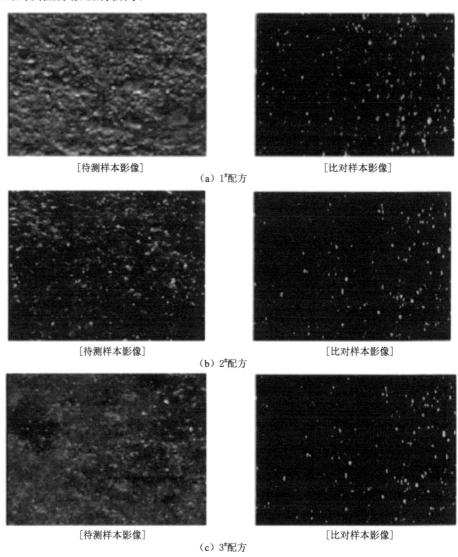

[待测样本影像]　　　　（a）$1^{\#}$配方　　　　[比对样本影像]

[待测样本影像]　　　　（b）$2^{\#}$配方　　　　[比对样本影像]

[待测样本影像]　　　　（c）$3^{\#}$配方　　　　[比对样本影像]

图 3-7　SBR/TRR 共混胶炭黑分散图

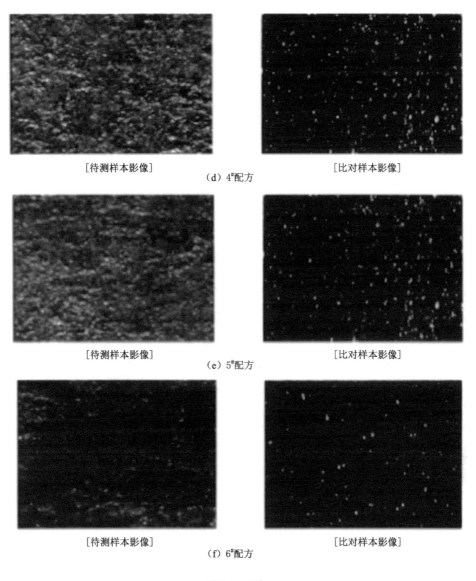

[待测样本影像]　　　　　　　　　　　[比对样本影像]

(d) 4#配方

[待测样本影像]　　　　　　　　　　　[比对样本影像]

(e) 5#配方

[待测样本影像]　　　　　　　　　　　[比对样本影像]

(f) 6#配方

图 3-7　（续）

通过高填充 TK301 与炭黑在 SBR/TRR 共混胶中的性能比较分析，发现：
① 选择炭黑做填充补强剂时，6#配方即选择 25 份中超炭黑 N220 和 35 份通用
炭黑 N660 并用做填充补强剂对农业轮胎来说效果最好。② 高填充 TK301 到
农业轮胎共混胶中，填充份数达到 100 份、120 份时，胶料的拉伸强度才能达到

12 MPa,补强效果不及炭黑补强效果;另外也证明只选择 TK301 做农业轮胎的填充补强剂,胶料的撕裂强度很低,不能满足农业轮胎撕裂性能要求。

表 3-14　含有不同填料的 SBR/TRR 共混胶的炭黑分散性质

序号	粒子分布率/%	等级	序号	粒子分布率/%	等级
1#	85.31	1	6#	86.89	8
2#	85.80	5	7#	85.83	6
3#	86.41	6	8#	85.46	4
4#	85.23	1	9#	85.43	1
5#	85.44	1			

3.3.6　TK301 与炭黑并用在 SBR/TRR 共混胶中的性能分析

将少量份数(0/5/10/15/20/25/30)的新型填充补强剂 TK301 与 25 份中超炭黑 N220、35 份通用炭黑 N660 并用,设计了 7 组配方进行研究,测试了胶料的硬度、拉伸性能、撕裂性能、热氧老化性能、磨耗性能和动态压缩性能,测试结果见表 3-15。

通过表 3-15 分析得出:① 并用少份量的 TK301 对胶料的硬度、力学性能、耐磨性能影响不大,这是因为炭黑中的碳粒子具有很强的吸附性,与橡胶分子的黏合性非常好,橡胶被约束后会形成较大的凝胶,对增加胶料的硬度、强度和耐磨性作用效果明显,并用少份量的 TK301 对胶料的硬度、强度和耐磨性作用效果影响不大。② 并用少份量的 TK301 可以降低胶料的压缩生热温度,主要因为 TK301 表面光滑、反应点少,与橡胶反应后产生的凝胶量小、约束力弱,造成分子之间的摩擦力相对减小,而且填料份数增加更大程度上阻止了橡胶分子的热运动及空气在 SBR/TRR 共混胶中的扩散,也提高了共混胶的热稳定性,这对撕裂性能和耐热性能要求较高的农业轮胎来说效果非常好。③ 并用少份量的 TK301 可以提高胶料的撕裂性能,虽然从上面的试验分析得出只选择填充高份数的 TK301 时,相比较炭黑填充,撕裂性能很低,但填充少量的粒径稍小的 TK301 时,因其比表面积较高,且 TK301 在混炼过程中会形成一定量的·OH 自由基,活性较高,促进了 TK301、炭黑与高分子之间的化学键合,使交联网络结构更稳定,受到刺扎或外力冲击时,耐冲击性和耐撕裂性较强。另外并用少份量 TK301 降低了胶料的压缩生热温度,提高了共混胶的撕裂强度。

因为橡胶的撕裂性能对试验温度比较敏感，随着试验温度的升高，撕裂能降低，表现为撕裂强度降低。而并用少份量的 TK301 可以降低共混胶的生热温度，所以胶料的耐撕裂性能提高。其中 3#、4#、5# 配方（即 10～20 份 TK301 与 25 份高耐磨炭黑 N330、35 份通用炭黑 N660 并用做填充补强体系）撕裂强度最高，生热温度较低，综合性能较优。

表 3-15 TK301 与炭黑并用填充 SBR/TRR 共混胶的性能

配方	1#	2#	3#	4#	5#	6#	7#
硬度	67	67	68	67	68	67	68
拉伸强度/MPa	14.66	14.58	14.72	14.68	14.61	14.66	14.78
伸长率/%	463	466	458	469	470	461	472
100%定伸应力/MPa	2.78	2.81	2.75	2.76	2.75	2.84	2.78
300%定伸应力/MPa	8.06	8.10	8.13	7.99	7.97	8.21	8.14
撕裂强度/(N/mm)	75.69	76.42	77.52	82.15	81.29	77.51	70.23
磨耗性能/cm³	0.10	0.12	0.10	0.09	0.09	0.11	0.10
压缩生热温度/℃	45.0	40.8	40.6	39.2	39.0	38.7	38.5

3.4 填充补强机理分析

3.4.1 TK301 对 SBR/TRR 共混胶作用机理或原因分析

3.4.1.1 TK301 紫外线防护作用机理分析

紫外线是指波长范围为 200～400 nm 的电磁波，按其波长可分为长波紫外线 UVA（320～400 nm）、中波紫外线 UVB（280～320 nm）、短波紫外线 UVC（200～280 nm）。

紫外线波长短，能量高，可使橡胶高分子链降解，导致橡胶老化。橡胶高分子链的降解是一个光化学过程，橡胶的光稳定化就是指对橡胶材料光化学过程的抑制和消除。其中短波紫外线能量最高，但在经过臭氧层时一般被阻挡，因此导致橡胶材料老化的一般是中波紫外线和长波紫外线。

通过实验可知 TK301 对 200～387 nm 范围内的光线具有很强的吸收，说明该材料具有很好的紫外线屏蔽功能。TK301 具有紫外线防护作用的主要原因为 TK301 上担载了纳米 TiO_2 物质,纳米 TiO_2 物质层外又担载了二氯氧锆 ($ZrOCl_2$) 紫外线屏蔽防护层。TiO_2 层和 $ZrOCl_2$ 紫外线屏蔽防护层共同作用屏蔽了紫外线。TK301 紫外线防护作用机理分析如下:

(1) TK301 纳米 TiO_2 层的作用

TK301 担载的纳米 TiO_2 具有高折光性和高光活性,具有很强的抗紫外线能力。TiO_2 抗紫外线机理有两种:一种是纳米 TiO_2 对紫外线进行反射、折射和散射,这是一种物理阻隔,阻隔能力较弱,主要隔离中长波紫外线(波长 280～400 nm);另一种是纳米 TiO_2 对紫外线进行吸收,抗紫外线效果较好。纳米 TiO_2 对紫外线的吸收机理可能是 TiO_2 分子内部的电子吸收光子发生能级跃迁,电子在发生能级跃迁时,由于电子能级量子化原因,分子能对 200～389 nm 波长的光子进行吸收,形成了分子的吸收光谱,这个光谱的波长正好处在紫外区域内,所以 TiO_2 具有很强的吸收紫外线的能力。紫外线吸收的过程就是 TiO_2 分子的电子从基态跃迁到较高能级的过程,其本质是把紫外线转化为损伤能力较低的能量释放出来。

(2) TK301 紫外线屏蔽防护 $ZrOCl_2$ 层的作用

TK301 负载的纳米 TiO_2 的电子结构由价电子带和空轨道形成的传导带构成,当其受到紫外线照射时,比其禁带宽度(约为 3.2 eV)能量大的光线被吸收(实验证明 TK301 吸收的是 200～387 nm 紫外光),使价带的电子激发至导带,结果使价带缺少电子而发生空穴,形成容易移动且活性很强的电子空穴对。这样的电子空穴对一方面可以发生各种氧化还原反应,以热量或产生荧光的形式释放能量;另一方面可离解成在 TK301 中自由迁移到 TK301 表面的自由空穴和自由电子,并立即被 TiO_2 活化产生的表面羟基捕获,形成羟基自由基(·OH),若不屏蔽,游离的·OH 会很快与氧气 O_2 结合产生超氧阴离子自由基(·O_2^-),·O_2^- 可以氧化降解橡胶高分子,加速橡胶老化。$ZrOCl_2$ 紫外线屏蔽防护层用来隔离或钝化·OH 直接作用在橡胶高分子上,防止游离的·OH 自由电子与氧气结合产生超氧阴离子自由基·O_2^- 氧化降解橡胶高分子,加速橡胶老化。

TK301 具有紫外线防护功能,所以填充功能性 TK301 的 SBR/TRR 共混胶就减少了紫外线造成的龟裂老化现象。

3.4.1.2 TK301 抗菌作用机理分析

填充 TK301 的 SBR/TRR 共混胶胶料抗菌性好,可有效地提高橡胶产品的防霉变性。在复合材料上担载抗菌层硝酸银,能很好地抑制白色念珠菌的生成,另外因为 TK301 担载纳米二氧化钛层,能在光照下产生过氧基自由基,能杀灭多种细菌和真菌,从而满足橡胶制品抗菌性能的需要。TK301 抗菌作用的可能机理描述如图 3-8 所示。

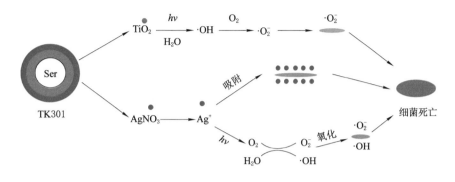

图 3-8 TK301 抗菌作用机理

TK301 的抗菌活性主要归因于 $AgNO_3$。首先,Ag^+ 容易在活细菌细胞周围积聚,并阻碍蛋白质的酶促功能并使微生物细胞失活[117]。其次,在阳光照射下,由于表面等离子共振而产生光诱导的电子空穴对[118,119]。然后,光生电子被溶解的氧分子清除,产生 $\cdot O_2^-$。自由基阴离子还可以与 H^+ 结合形成 $\cdot OOH$,而 $\cdot OOH$ 自由基与被捕获的电子结合产生 H_2O_2,最终形成 $\cdot OH$ 自由基。$\cdot OH$ 和 $\cdot O_2^-$ 表现极强的氧化能力,导致细菌死亡[120]。

3.4.1.3 TK301 补强作用机理分析

在橡胶中填充 TK301,SBR/TRR 共混胶胶料的拉伸性能、耐撕裂性能均提高,补强作用机理可能为:TK301 粒径小,比表面积大,填充性好,结合橡胶增加,补强性能更好;TK301 内部空隙小,结构性较低,吸留橡胶较少,有效的橡胶成分减少较少,能充分发挥橡胶的作用;另外也可能因为当 TK301 补强硫化胶受到外力作用时,被吸附的橡胶链段会在 TK301 粒子表面滑动伸长,使橡胶链高度定向,应力均匀分布,从而承担了大的应力或模量,产生补强作用。TK301 表面带有大量的羟基自由基($\cdot OH$)和超氧阴离子自由基($\cdot O_2^-$),表面活性大,一方面能与 SBR/TRR 共混胶中橡胶大分子表面的少量羟基和因混炼断裂的大分子自由基(R·)发生化学反应形成化学键而补强,另一方面与橡胶大分子链上的氢形成氢键而补强。另外,TK301 均匀分散在 SBR/TRR 共混胶中,在其表面形成了橡胶大分子吸附层,构成了 TK301-橡胶大分子-TK301 间的网络状结构,使相邻 TK301 分子间直径比 TK301 粒子直径小,这些吸附层间的引力增大而补强[121]。

3.4.1.4 TK301 耐老化原因分析

填充 40/80/100/120 份 TK301 的 SBR/TRR 共混胶胶料的热氧老化性能和臭氧老化性能比填充 40 份沉淀法白炭黑的均提高,有效地提高了产品的耐老化性能,这对所有暴露在空气中的橡胶制品来说非常重要,可有效地解决或减轻因老化带来的裂口或褪色问题,提高制品使用寿命。其原因是 TK301 在复合材料上担载 ZrOCl₂ 紫外线屏蔽防护层阻止了紫外线直接引起的橡胶分子链的断裂和交联,也阻止了橡胶因吸收光能而产生的羟基自由基(·OH)直接作用在橡胶高分子上,防止了游离的·OH 自由电子与氧气结合产生超氧自由基(·O_2^-)氧化降解橡胶高分子,减少氧化链反应[122],减少老化现象。另外添加 TK301 的 SBR/TRR 共混胶产生了更稳定的交联结构,交联键键能比较大,硫化胶的耐老化性能提高。

3.4.1.5 TK301 填充胶料致密性提高原因分析

填充 TK301 比填充 40 份沉淀法白炭黑的 SBR/TRR 共混胶胶料的透气率低,导致胶料更加致密的可能原因为:TK301 填充在橡胶材料中时,片状材料与片状材料之间间隔较小,形成具有核壳结构的微纳米复合结构,层与层之间缝隙小,被吸附的橡胶较少,能起到很好的气体阻隔作用[123]。

3.4.1.6 TK301 填充胶料热稳定性提高原因分析

与沉淀法白炭黑复合材料相比,功能化 TK301 复合材料可以有效地提高胶料的热稳定性。导致热稳定性提高的原因为:在同样量的 SBR/TRR 共混胶中填充 TK301 复合材料的份数是填充沉淀法白炭黑份数的 2～3 倍,填料的增加使填料和 SBR/TRR 共混胶的接触面积增加,导致 SBR 和 TRR 的活性中心钝化,也导致填料和 SBR、TRR 之间物理、化学交联点的增加,从而降低了橡胶主链的降解速度,提高了橡胶热稳定性[124]。另外填料份数增加更大程度上阻止了橡胶分子的热运动及空气在 SBR/TRR 共混胶中的扩散,提高了橡胶的热稳定性。

3.4.2 炭黑对 SBR/TRR 共混胶作用机理分析

炭黑填充补强 SBR/NRR 的作用机理在于炭黑与 SBR、TRR 作用生成了多相不均匀微孔结构,属于一种复合材料吸附机理。炭黑与 SBR、TRR 作用复合材料大致有三相态结构存在,即未交联未吸附相态、交联未吸附相态、交联吸附相态三种。

未交联未吸附相态——A 相,指未交联或交联少也未被炭黑吸附的橡胶区,该区中橡胶分子或链段未被炭黑吸附,能进行分子热运动,接近生胶的状态,表现为橡胶的高弹性。

交联未吸附相态——B 相,指已交联但未被炭黑吸附的橡胶区,该区分子运动受到一定的限制,该区域的分布状态对共混胶的强度和弹性均有很大贡献。

交联吸附相态——C 相,指已交联被炭黑吸附的橡胶区,该区的交联橡胶被炭黑吸附形成相互交错、定向排列的不能运动的结合橡胶层。该区的存在限制了未交联未吸附相、交联未吸附相的分子运动,该区域的分布状态对共混胶的强度、耐磨性、耐撕裂性、耐屈挠性均有很大作用[125]。

炭黑填充 SBR/TRR 共混胶的相态模型见图 3-9。

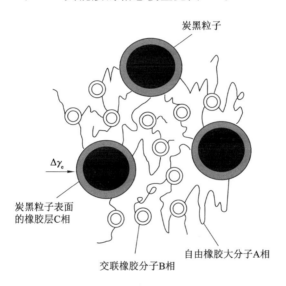

图 3-9 炭黑填充 SBR/TRR 共混胶的相态模型

交联吸附相态的产生与炭黑和交联橡胶分子之间的物理吸附和化学作用相关。炭黑补强 SBR/TRR 硫化胶中 C 相结构的形成见图 3-10,其中物理吸附原理为:在混炼时,当炭黑和 SBR、NR、BR、TRR 等橡胶混炼时,在炼胶机辊筒剪切、热等作用下,橡胶分子开始进行较强的热运动,进入炭黑吸附力界限内,被炭黑粒子表面所吸附。这种吸附与炭黑的粒径、结构性、表面化学性质相关,粒径越小,比表面积越大,炭黑分散性越好;炭黑的结构性一般用吸油值进行表示；采用表面活性剂可提高炭黑对橡胶分子的浸润能力。化学作用原理为：在混炼过程中 SBR、NR、BR 断裂形成自由基，与炭黑表面的活性中心发生结合作用，在硫化过程中橡胶分子也与炭黑表面的含氧基团和自由基发生交联作用，形成 $CB-S_x-R$ 和 $CB-R$。

炭黑能填充补强 SBR/TRR 共混胶主要是炭黑改变了 SBR/TRR 共混胶的结构，产生了交联吸附相，该相很好地将未交联未吸附相和交联未吸附相连接起来，极大地改善了共混胶的力学性能、耐撕裂性能、耐屈挠龟裂性能、耐磨性能等。

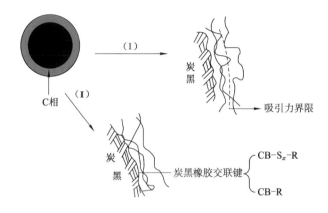

（Ⅰ）SBR/TRR 橡胶分子与炭黑的物理吸附；（Ⅱ）SBR/TRR 橡胶分子与炭黑的化学结合。

图 3-10　炭黑补强 SBR/TRR 硫化胶中 C 相结构

通过实验验证加入了 25 份高耐磨炭黑 N330 和 35 份通用炭黑 N660 做填充补强体系，共混胶综合性能较好。高耐磨炭黑 N330 粒径在 26～30 nm，粒径小，比表面积大，易与 SBR、TRR 形成交联吸附相，通用炭黑 N660 粒径在 49～60 nm，虽然粒径相对较大，但该炭黑结构性较高，在胶料中容易分散，所以也容易使每一个炭黑粒子周围形成交联吸附相[125]。所以在 SBR/TRR 共混胶中采用高耐磨炭黑 N330 和通用炭黑 N660 并用效果较好，共混胶综合性能好。

3.5　小　结

（1）研究合成了新型填充补强材料 TK301，且通过 TEM、TEM-EDS 及高速担载牢固度分析，发现纳米二氧化钛层牢固地担载于绢云母片层表面之上。

（2）通过 TK301 与白炭黑在 SBR/TRR 共混胶中的对比研究，发现新型填充补强材料 TK301 不仅可在 SBR/TRR 共混胶中应用,而且可降低材料成本,提高橡胶的力学性能、抗老化性能、抗菌性能、致密性能等使用性能,与橡胶相容性较好,比白炭黑填充补强效果好。

(3)通过高填充 TK301 与炭黑在 SBR/TRR 共混胶中的对比研究,证明 TK301 虽然可与 SBR/TRR 共混胶很好地相容,但其力学性能和耐撕裂性能、硬度均不能满足农业轮胎的需要,填充补强效果比炭黑要低。

(4)通过将 TK301 与炭黑并用于 SBR/TRR 共混胶中的应用研究,发现 TK301 与炭黑并用填充补强农业轮胎 SBR/TRR 共混胶,效果很好,不仅提高了胶料的硬度、力学性能、耐撕裂性能,而且因为 TK301 的作用还提高了胶料的耐老化性能、压缩生热性能。经过对比,发现农业轮胎最优填充补强体系为 15 份 TK301 和 25 份高耐磨炭黑 N330、35 份通用炭黑 N660 并用填充农业轮胎共混胶效果最佳。

4 农业轮胎用 SBR/TRR 共混胶防护体系及作用机理分析

4.1 引 言

胎面是轮胎外胎最外面的一层橡胶层，保护轮胎骨架层免受机械损伤、磨损、腐蚀和老化等。一般要求胎面具有优异的耐磨性、耐撕裂性、耐老化性等[126]。

橡胶老化就是生胶或橡胶制品在加工、储存或使用过程中，受到热、光、氧、臭氧、机械力、化学介质、微生物等环境因素的影响，其大分子链发生化学变化，破坏了橡胶原有化学结构，性能下降，并丧失用途的现象。橡胶老化的外部因素主要有物理因素、化学因素和生物因素。物理因素包括热、光、电、应力等；化学因素包括氧、臭氧、酸、碱、盐及金属离子等；生物因素包括霉菌、细菌微生物作用等。这些影响因素中比较重要的就是化学因素中的氧和臭氧，物理因素中的热、光和机械应力[127]。

判断橡胶的耐老化性能方法很多，生产和科研中常见老化方法包括热氧老化、臭氧老化、光氧老化、疲劳老化等，本章重点通过热空气老化实验、臭氧老化实验来判断选择与农业轮胎用 SBR/TRR 共混胶相匹配的性能较优的橡胶防护体系。

4.2 实 验

4.2.1 主要原材料

实验主要原材料见表4-1。

表 4-1　主要原材料

序号	原材料名称	原材料产地	序号	原材料名称	原材料产地
1	20# 标准胶	新远大橡胶(泰国)有限公司	7	ZnO、微晶蜡、防老剂 4020、4010NA,防焦剂 CTP	上海智孚化工科技有限公司
2	丁苯胶 1502	中国石油天然气股份有限公司	8	促进剂 NOBS	上海成锦化工有限公司
3	顺丁胶 9000	苏州宝禧化工有限公司	9	硫黄	浙江黄岩浙东橡胶助剂有限公司
4	硬脂酸、石蜡	中国石化集团公司南京化学工业有限公司	10	抗热氧剂 RF	安徽固邦化工有限公司
5	防老剂 RD、芳烃油	兰州化学工业公司	11	均匀分散剂	东莞市民盛化工科技有限公司
6	高耐磨炭黑 N330、通用炭黑 N660	河北大光明实业集团巨无霸炭黑有限公司			

　　橡胶防老剂是本次实验的主要原材料,可以在橡胶生产过程中延缓橡胶的老化、提高橡胶的使用寿命。实验所用防老剂基本性质见表 4-2。

表 4-2　防老剂的基本性质

类别	防老剂名称	化学名称	外观	防护特点
物理防护	微晶蜡	异构烷烃、正构烷烃及少量的环烷烃	白色至淡黄色针状结晶	结构比较均匀,蜡膜与橡胶表面结合牢固,屈挠性好,防护效果优于石蜡,无臭无味
	石蜡(防护蜡)	固态高级烷烃混合物	白色或淡黄色半透明块状物	石蜡迁移速度快,易成膜,但防护效果差
喹啉类	防老剂 RD	2,2,4-三甲基-1,2-二氢化喹啉	灰色或琥珀色粉末	热氧老化效果好,但防屈挠龟裂效果差,不喷霜,用量 0.5~2.0 份
对苯二胺类	N-(1,3-二甲基丁基)-N'-苯基对苯二胺	灰黑色粒状或片状	防护效果好于防老剂 4010 但不及防老剂 4010NA,对 SBR 防护效果好,挥发性小,用量 0.5~3.0 份[136]	
	防老剂 4010NA	N-苯基-N-异丙基对苯二胺	紫灰色片状	对光老化、热氧老化有优良的防护功能,效果好于防老剂 4010,用量 1.0~4.0 份

4.2.2 主要仪器和设备

实验主要仪器和设备见表 4-3。

表 4-3 主要仪器和设备

序号	名 称	产 地
1	切胶机 660-I 型单刀切胶机、开炼机 X(S)K-160 型	无锡市第一橡塑机械有限公司
2	平板硫化机 YXE-25D 型	上海西玛伟力橡塑机械制造有限公司
3	无转子硫化仪 GT-M2000-A 型、门尼黏度仪 GT-7080-S2、密度测试仪 XS365M、橡胶弹性机 GT-7012-REG、冲片机 CP-7016、高低温拉力试验机 GT-AI-7000-GD、臭氧老化试验机 OZ-050	高铁检测仪器有限公司
4	橡胶硬度计、邵尔氏 LX-A、测厚仪 WHT-10A、磨耗试验机 WML-76	江都市新真威试验机械有限责任公司
5	热空气老化箱 RLH-225	南京五和试验设备有限公司
6	高精度电子计重秤 00000768 型	浙江君凯顺工贸有限公司

4.2.3 基础配方

按 SBR/TRR 共混胶防护体系选择的防老剂品种和份数不同分为 9 组配方进行研究,不同防护体系的基础配方见表 4-4。

表 4-4 不同防护体系的基础配方 　　　　　　　　单位:质量份

实验原材料		1#	2#	3#	4#	5#	6#	7#	8#	9#
一段混炼母炼胶	SBR1502	40	40	40	40	40	40	40	40	40
	TRR	60	60	60	60	60	60	60	60	60
	NR(标 1#)	30	30	30	30	30	30	30	30	30
	BR9000	20	20	20	20	20	20	20	20	20
	ZnO	4.0	4.0	4.0	4.0	4.0	4.0	4.0	4.0	4.0
	SA	3.0	3.0	3.0	3.0	3.0	3.0	3.0	3.0	3.0
	TK301	15	15	15	15	15	15	15	15	15

表 4-4(续)

	实验原材料	1#	2#	3#	4#	5#	6#	7#	8#	9#
一段混炼母炼胶	高耐磨炭黑 N220	25	25	25	25	25	25	25	25	25
	通用炭黑 N660	35	35	35	35	35	35	35	35	35
	芳烃油	11.0	11.0	11.0	11.0	11.0	11.0	11.0	11.0	11.0
	均匀分散剂	1.49	1.49	1.49	1.49	1.49	1.49	1.49	1.49	1.49
	热抗氧剂 RF	1.50	1.50	1.50	1.50	1.50	1.50	1.50	1.50	1.50
二段混炼终炼胶 防护体系	防老剂 4010NA	1.50	—	1.50	1.50	2.00	2.50	3.00	3.00	3.00
	防老剂 4020	—	1.50	1.50	1.50	1.00	1.00	1.00	1.00	1.00
	防老剂 RD	1.50	1.50	1.50	1.50	1.50	1.50	1.50	1.50	1.50
	石蜡	1.50	1.50	—	1.50	1.50	1.50	—		
	微晶蜡	—	—	1.50	—	—	—	1.50		
硫化体系	S	2.50	2.50	2.50	2.50	2.50	2.50	2.50	2.50	2.50
	促进剂 NOBS	1.50	1.50	1.50	1.50	1.50	1.50	1.50	1.50	1.50
	防焦剂 CTP	0.10	0.10	0.10	0.10	0.10	0.10	0.10	0.10	0.10

4.2.4 测试依据及标准

未硫化橡胶门尼黏度测试,GB/T 1232.1—2016;橡胶硫化特性测试,GB/T 16584—1996;硫化橡胶硬度测试,GB/T 531.2—2009;硫化橡胶密度测试,GB/T 533—2008;硫化橡胶冲击弹性测试,GB/T 1681—2009;硫化橡胶拉伸性能测试,GB/T 528—2009;硫化橡胶撕裂强度的测试,GB/T 529—2008;硫化橡胶磨耗性能测试,GB/T 1689—2014;硫化橡胶屈挠龟裂性能测试,GB/T 13934—2006;硫化橡胶热氧老化性能测试,GB/T 3512—2014;硫化橡胶耐臭氧老化试验动态拉伸试验法,GB/T 7762—2014。

4.2.5 试样制备要求

本次实验每一项测试实验的试样均有所不同,具体实验项目的试样要求见表 4-5。

表 4-5　实验试样要求

序号	项目	试样个数	试样形状	实验条件	试样质量	取值
1	门尼黏度	2		预热:1 min,转动:4 min,转子数:200 rpm	大转子:11 g/个 小转子:13 g/个	中值
2	硫化特性	1		150 ℃	5 g/个	
3	冲击弹性	2	直径 29 mm 厚 12.5 mm	室温:23 ℃±2 ℃ 冲击锤:5 kgf・cm(1 kgf=9.8 N)	15 g/个	平均值
4	拉伸性能	3	哑铃形	温度:23 ℃±2 ℃	大片:75 g/片 小片:50 g/片	中值
5	撕裂性能	3	直角形	室温:23 ℃±2 ℃	大片:75 g/片 小片:50 g/片	中值
6	屈挠性能	≥3	半圆长条形	温度:23 ℃±2 ℃	25 g/个	
7	热氧老化	6	哑铃型	—	大片:75 g/片 小片:50 g/片	
8	阿克隆磨耗性能	1	圆柱形	定负荷、定里程、定角度	大片:75 g/片 小片:65 g/片	平均值
9	硬度	3	厚≥6 mm 哑铃型			中值

4.2.6　实验过程

（1）塑炼

塑炼是使生胶由坚韧的高弹状态转变为柔软并带有可塑性的状态。本次实验采用薄通塑炼法、包辊塑炼法等方法反复塑炼,直到获得理想的可塑性后结束塑炼。

（2）混炼

在开炼机辊筒靠近主驱动轮一端投入生胶或塑炼胶,捏炼 3 min,胶包辊后将胶料割下;放宽辊距至 8 mm,将胶料投入辊距压炼 1 min,使辊筒上面只留包辊胶和适量积存胶,其余胶料全部取下,按规定加料顺序向积存胶上投加配合剂,待小料全部吃粉后,把填料和油类配合剂交替加入,待配合剂完全吃入胶料后,再把抽取的生胶全部都投入后混炼 5 min;然后切割取下余胶,加入硫黄继续混炼,待其吃粉完毕再将余胶投入翻炼 2 min;再将开炼机的辊距调到 1 mm

左右薄通 8 次,并将胶料 90°调头;最后调整辊距至 4 mm 左右下片、冷却、存放,以备使用。

(3)橡胶的硫化

通过无转子硫化仪测出硫化时间后,将胶料停放 24 h,放入 160 ℃、15.0 MPa 的平板硫化机中硫化,备用。

(4)物性测试

测试试样硬度、密度、胶料的拉伸强度、撕裂强度、定伸应力等一系列指标来检验胶料的性能,判断是否符合农业轮胎的使用性能要求。拉伸实验要求拉伸速度:500 mm/min;标距:25 mm;试样宽度:6 mm。拉伸性能测试试样类型和尺寸见图 4-1。

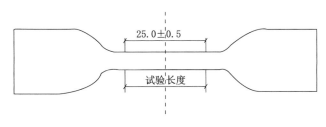

图 4-1　拉伸性能测试试样

(5)热氧老化实验

把试样放入热氧老化箱进行老化,检测胶料的物理机械性能,将老化的胶料与未热氧老化的胶料试样进行对比。热氧老化条件:100 ℃×72 h。

(6)臭氧老化实验

① 臭氧试样要求

A. 形状:长条形状。

B. 尺寸:宽 12 mm,厚度 2.0±0.2 mm,长度总长 105 mm,工作长度 45 mm(臭氧老化两边夹具夹长各 30 mm)

C. 试样个数:每次实验需 6 个试样,其中臭氧老化试样 3 个,老化前拉伸试样 3 个(做老化前后拉伸性能对比)。

D. 试样要求:试样硫化后需进行拉伸实验和耐臭氧老化实验,硫化后,拉伸实验、耐老化实验前需停放,最短间隔时间不得小于 16 h,最多不超过 3 个月;并且要求试样表面光滑,无杂物、无气泡、无伤痕等。

② 臭氧实验条件

臭氧老化需在一定的臭氧浓度、实验温度、试样伸长率、相对湿度、臭氧流速、老化时间等条件下进行。臭氧老化实验条件具体见表 4-6。

表 4-6　臭氧老化实验条件

序号	试验条件	试验条件	备注
1	臭氧浓度 /×10^{-8}	50±5	
2	实验温度 /℃	40±2	
3	相对湿度 /%	60	
4	试样伸长率 /%	20±2	
5	臭氧流速 /(mL/min)	500	臭氧化空气平均流速
6	臭氧老化时间 /h	根据不同配方老化情况进行选择	

③ 臭氧老化评价方法

静态拉伸试样暴露于含有恒定臭氧浓度和恒温的实验箱中,按时间对试样龟裂情况进行检查。本次实验首先测定最早出现龟裂的时间,然后根据龟裂个数和龟裂深度判断龟裂程度。具体判断方法如下:

A. 在规定的时间和规定的应变下暴露后,检查是否出现龟裂,如果需要可测定龟裂程度。

B. 在任意规定的拉伸应变下,测定最早出现龟裂的时间。

C. 对任意规定的暴露时间,测定临界应变。

本实验结合方法 A 和方法 B 来进行判断。

4.3　结果与讨论

4.3.1　门尼黏度的比较

门尼黏度反映了分子间摩擦力的大小,是反映分子间作用力大小的一个数值,因而门尼黏度是相对分子质量大小的反映。一般门尼黏度越高,相对分子质量就越高,橡胶的塑性就低[128]。反之,相对分子质量越低,橡胶的塑性就越大,9 组配方胶料的门尼黏度值见表 4-7。

表 4-7　SBR/TRR 共混胶的门尼黏度值

配方	最大门尼黏度	平均门尼黏度	配方	最大门尼黏度	平均门尼黏度
1#	120.6	66.5	6#	95.4	60.7
2#	97.9	62.3	7#	95.8	59.8
3#	102.4	65.5	8#	93.4	60.1
4#	97.6	62.5	9#	102.4	63.8
5#	97.6	62.0			

通过表 4-7 数据可以得出 SBR/TRR 共混胶 9 种配方的门尼黏度都非常相似的结论,说明改变橡胶的防护体系对胶料的门尼黏度影响很小。

4.3.2　硫化特性的比较

通过硫化特性判断 SBR/TRR 共混胶每个配方的硫化温度、硫化时间等重要硫化条件。具体 9 组配方的硫化特性见表 4-8。

表 4-8　SBR/TRR 共混胶的硫化特性值

配方	测试温度/℃	MH/dN·m	ML/dN·m	t_{10}/s	t_{90}/s	t_{100}/s
1#	160	39.31	6.82	95	444	912
2#	160	41.33	6.55	100	481	900
3#	160	41.12	6.70	87	420	824
4#	160	38.38	6.60	94	447	879
5#	160	39.18	6.17	84	428	845
6#	160	40.44	6.56	90	414	830
7#	160	39.56	6.60	90	402	842
8#	160	38.25	6.30	84	407	836
9#	160	40.72	6.67	85	398	882

通过表 4-8 可以得出结论:SBR/TRR 共混胶 9 种配方的硫化特性都非常相似,说明改变橡胶的防护体系对胶料的硫化特性影响也很小。

4.3.3 力学性能及热氧老化性能的测试

SBR/TRR 共混胶 9 组配方胶料力学性能见表 4-9 及图 4-2、图 4-3、图 4-4、图 4-5。

表 4-9 SBR/TRR 共混胶老化前后力学性能

性能		1#	2#	3#	4#	5#	6#	7#	8#	9#
拉伸强度 /MPa	老化前	14.46	15.11	14.79	14.48	14.70	14.73	14.82	15.07	15.17
	老化后	12.23	11.98	11.90	12.27	11.96	11.78	11.96	11.91	11.47
	老化系数/%	−15.4	−20.7	−19.5	−15.0	−18.6	−20.0	−19.2	−20.9	−24.3
伸长率/%	老化前	571	572	584	637	612	587	582	618	603
	老化后	314	311	298	353	323	306	321	307	306
	老化系数/%	−45.0	−45.6	−48.9	−45.0	−47.2	−47.8	−44.8	−50.3	−49.2
100%定伸应力/MPa	老化前	2.39	2.35	2.41	2.22	2.32	2.37	2.40	2.31	2.31
	老化后	4.51	4.58	4.80	4.02	4.28	4.57	4.47	4.63	4.47
	老化系数/%	88.7	94.8	99.5	81.0	84.4	92.8	86.2	100	93.5
300%定伸应力/MPa	老化前	6.54	6.67	6.58	6.53	6.11	6.54	6.60	6.20	6.36
	老化后	11.82	11.81	—	10.72	11.29	11.66	11.34	11.67	11.35
	老化系数/%	80.7	77.0	—	64.1	84.7	80.7	71.8	88.2	78.4

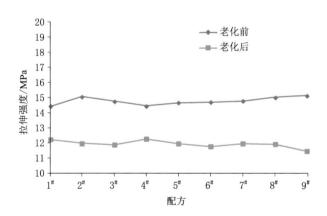

图 4-2 SBR/TRR 共混胶老化前后拉伸强度对比图

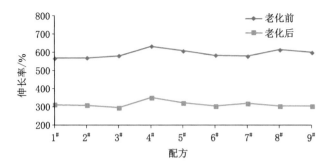

图 4-3 SBR/TRR 共混胶老化前后伸长率对比图

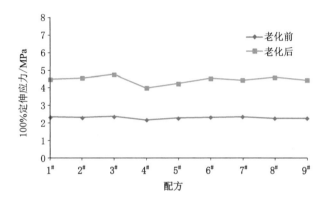

图 4-4 SBR/TRR 共混胶老化前后 100％定伸应力对比图

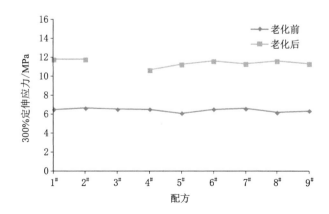

图 4-5 SBR/TRR 共混胶老化前后 300％定伸应力对比图

从表 4-9 和图 4-2、图 4-3 中可以看出老化后的拉伸强度和伸长率均有所下降,定伸应力均有所上升,且 1# 和 4# 配方的拉伸强度和伸长率相对其他配方降低值较少,防护效果最好。

4.3.4 撕裂性能的比较

对农业轮胎来说,工作环境相对较差,稻田等农作物对轮胎刺扎严重,胎面耐撕裂性能要求较高,SBR/TRR 共混胶 9 种配方胶料撕裂强度见表 4-10。

表 4-10 SBR/TRR 共混胶的撕裂强度

撕裂强度 /(N/mm)	1#	2#	3#	4#	5#	6#	7#	8#	9#
68.71	68.72	69.95	73.48	66.07	70.52	73.04	75.88	70.44

从表 4-10 可以看出:SBR/TRR 共混胶 8# 配方胶料耐撕裂性能最好,4#、7# 配方胶料次之,5# 配方胶料最差。

4.3.5 基本性能的比较

橡胶的基本性能测试包括橡胶的硬度、密度和冲击弹性测试,SBR/TRR 共混胶 9 组胶料基本性能见表 4-11。

表 4-11 SBR/TRR 共混胶的基本性能

配方	1#	2#	3#	4#	5#	6#	7#	8#	9#
硬度(邵 A)	71	69	70	66	67	70	67	69	69
密度/(g/cm³)	1.145	1.140	1.146	1.142	1.143	1.144	1.142	1.143	1.146
冲击弹性/%	34	35	35	35	35	34	34	34	35

根据表 4-11 可以看出 SBR/TRR 共混胶 9 组胶料的硬度、密度、冲击弹性相差均不太大,说明填充的防护体系对共混胶基本性能影响较小。

4.3.6 阿克隆磨耗性能

橡胶制品的磨耗是在日常生活中经常见到的现象,阿克隆磨耗机就是通过实验来模拟生活中日常磨耗的环境来测得橡胶制品磨耗性能好坏的设备[129]。实验结果见表 4-12。通过表 4-12 可以看出,7# 配方耐磨性能最好,1# 配方和

$4^{\#}$ 配方的耐磨性能次之,$6^{\#}$ 配方耐磨性能最差。

表 4-12 SBR/TRR 共混胶的阿克隆磨耗性能

配方	$1^{\#}$	$2^{\#}$	$3^{\#}$	$4^{\#}$	$5^{\#}$	$6^{\#}$	$7^{\#}$	$8^{\#}$	$9^{\#}$
阿克隆磨耗值/cm³	0.07	0.12	0.16	0.07	0.09	0.19	0.05	0.12	0.16

4.3.7 屈挠龟裂性能测试

通过 5 万多次的屈挠龟裂实验来鉴别橡胶耐疲劳的程度能否符合规定的级别。通过表 4-13 和图 4-6 可以看出 SBR/TRR 共混胶 9 组配方屈挠龟裂级别的情况。

表 4-13 SBR/TRR 共混胶的屈挠龟裂性能

配方	现象	试样等级
$1^{\#}$	超出针刺点阶段,裂纹深度浅但长度小于 0.5 mm	2 级
$2^{\#}$	3 个针刺点	1 级
$3^{\#}$	最大龟裂处长度大于 3.0 mm	6 级
$4^{\#}$	超出针刺点阶段,裂纹深度浅但长度小于 0.5 mm	2 级
$5^{\#}$	最大龟裂处长度大于 3.0 mm	6 级
$6^{\#}$	3 个针刺点	1 级
$7^{\#}$	龟裂处长度大于 1.5 mm,小于 3.0 mm	5 级
$8^{\#}$	1 个针刺点	1 级
$9^{\#}$	最大龟裂处长度大于 3.0 mm	6 级

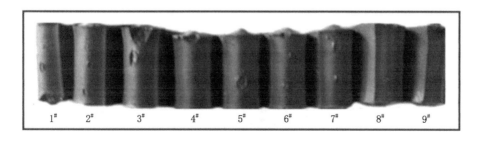

图 4-6 SBR/TRR 共混胶的屈挠龟裂情况

从图 4-6 和表 4-13 可以看出 SBR/TRR 共混胶 9 组配方屈挠龟裂级别情况，配方 1#、2#、4#、6#、8# 虽出现针刺点，但能满足农业轮胎性能使用要求；配方 3#、5#、9# 龟裂现象严重，不能满足农业轮胎性能使用要求。

4.3.8 臭氧老化性能测试

通过臭氧老化实验，9 组配方的胶料出现的臭氧老化裂口情况各有不同，具体裂口情况见表 4-14，图 4-7 显示了无裂口试样、少量裂口试样、大量裂口试样 3 种图片。

表 4-14　不同防护体系 SBR/TRR 共混胶的臭氧老化实验结果

序号	配方	试样	老化时间/h					裂口个数	裂口现象	备注
			8	16	24	48	72			
1	1#	1-1	8	—				10	边部裂口且为单面	
		1-2	8	—				10		
		1-3	8	—				11		
2	2#	2-1	8					20	双面裂口	8 h 后出现裂口，不再继续实验
		2-2	8					18		
		2-3	8					15		
3	3#	3-1	8					大量	双面裂口	
		3-2	8							
		3-3	8							
4	4#	4-1	8	16	24	48	72	0	无裂口	72 h 无裂口，符合客户要求，不再继续实验
		4-2	8	16	24	48	72	0		
		4-3	8	16	24	48	72	0		
5	5#	5-1	8	16	24	—		20～30	双面裂口	24 h 后出现裂口，不再继续实验
		5-2	8	16	24	—				
		5-3	8	16	24	—				
6	6#	6-1	8	16	24	48	—	5	双面裂口	48 h 后出现裂口，不再继续实验
		6-2	8	16	24	48	—	8		
		6-3	8	16	24	48	—	6		
7	7#	7-1	8	16	24	48	72	20～30	双面裂口	16 h 后出现裂口，不再继续实验
		7-2	8	16	24	48	72			
		7-3	8	16	24	48	72			

表 4-14(续)

序号	配方	试样	老化时间/h					裂口个数	裂口现象	备注
			8	16	24	48	72			
8	8#	8-1	8	16	24	48	72	2	单面边部裂口	72 h 后出现少量裂口,停止实验
		8-2	8	16	24	48	72	0	无裂口	
		8-3	8	16	24	48	72	5	单面裂口	
9	9#	9-1	8	—	—	—	—	大量	双面裂口	8 h 后出现裂口,不再继续实验
		9-2	8	—	—	—	—			
		9-3	8	—	—	—	—			

(a) 无裂口试样

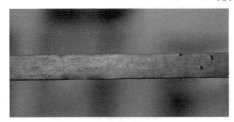

(b) 少量裂口试样

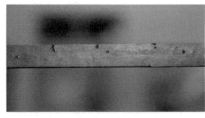

(c) 少量裂口试样

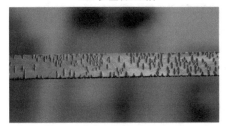

(d) 大量裂口试样

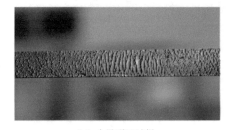

(e) 大量裂口试样

图 4-7 不同防护体系 SBR/TRR 共混胶的臭氧老化裂口图

从表 4-14 可以看出:

① 3# 配方及 9# 配方效果最差,8 h 之内均出现双面大量裂口,查看配方为

该两组配方中均没有采用防护蜡做物理防护,只采用防老剂防护,臭氧老化效果不好。

② 1#配方、2#配方、5#配方及 7#配方虽然使用了物理防护及化学防护,但在 48 h 内也出现了不同程度的单面或双面裂口现象,对轮胎来说均不是最理想的防护体系。

③ 4#配方及 8#配方效果很好,达到或基本达到了客户使用要求。在 4#配方和 8#配方中添加 1.5 份微晶蜡做物理防护,在 72 h 内进行耐臭氧老化,4#配方 3 个试样均无裂口,8#配方一个试样无裂口,两个试样有少量裂口,特别是4#配方(4010NA)效果最好,且无喷霜现象,说明该防护体系为最佳防护体系。

4.4 老化防护机理分析

4.4.1 SBR/TRR 共混胶热氧老化防护机理分析

橡胶在使用过程中会受到热的作用,当橡胶与空气中的氧接触时,热将促进氧化,而氧促进热降解。在橡胶的氧化老化过程中,自由基链发生断链而终止。SBR 主链双键碳原子上的 C—H 键离解能很低,很容易形成 R·自由基,R·被氧化形成过氧自由基 ROO·,ROO·夺得氢而形成 ROOH,而 ROOH的 C—H 键和 C—C 键离解能更低,ROOH 分解产生游离基 RO·和 ROO·,成为游离基的主要来源,从而使橡胶发生热氧老化断裂[130]。

SBR/TRR 共混胶的老化现象属于自由基链式反应,在热氧的作用下,橡胶老化反应分四个阶段,热氧老化反应机理分析如下:

链引发阶段:　　　　$RH \longrightarrow R\cdot + \cdot OH$

链增长阶段:　　　　$\cdot OH + O_2 \longrightarrow \cdot O_2$

$R\cdot + \cdot O_2 \longrightarrow ROO\cdot$

$ROO\cdot + RH \longrightarrow ROOH + R\cdot$

链转移阶段:　　　　$ROOH \longrightarrow RO\cdot + \cdot OH$

$2ROOH \longrightarrow RO\cdot + ROO\cdot + H_2O$

链终止阶段:　　　　$R\cdot + R\cdot \longrightarrow R-R$

$ROO\cdot + ROO\cdot \longrightarrow$ 非游离基型稳定产物 $+ O_2$

$R\cdot + ROO\cdot \longrightarrow ROOR$

式中:RH 表示 SBR/TRR 共混物;R·表示橡胶大分子;·OH 表示羟基自由

基；·O_2^- 表示超氧自由基；RO·表示橡胶氧化自由基；ROO·表示橡胶过氧化自由基。

因为橡胶的热氧老化反应主要是橡胶自由基的自催化氧化反应，所以凡能终止自由基链式反应或者防止引发自由基产生的物质，均能起到抑制或延缓橡胶热氧老化的发生。防止橡胶热氧老化的方法有物理防护和化学防护。

物理防护：在 SBR/TRR 共混胶中添加防护蜡，在共混胶表面形成一层薄的蜡膜，也可以阻止橡胶与空气中氧的接触，防止过氧自由基的产生而起到热氧老化防护作用。在 SBR/TRR 共混胶中添加微晶蜡 1.5 份，其物理防护效果比较好。

化学防护：对 SBR 橡胶来说，对苯二胺类的抗臭氧剂如 4010NA 和防老剂 4020 热氧老化防护效果很好，因为对苯二胺类的防老剂与氧的反应活性很高，当对苯二胺类的防老剂 4010NA、防老剂 4020 与喹啉类防老剂 RD 并用时，且并用份数在 4.5 份左右时，可以很好地终止自由基链式反应或者防止引发自由基的产生，能抑制或延缓橡胶热氧老化的发生，降低共混胶热氧老化现象的产生[131]。胺类防老剂对 SBR/TRR 共混胶的热氧老化作用机理反应式如下：

$$ROO· + AH \longrightarrow ROOH + A·$$
$$ROO· + A· \longrightarrow ROOA$$
$$2ROO· + AH \longrightarrow ROOH + ROOA$$

式中：AH 代表防老剂分子。

4.4.2　SBR/TRR 共混胶臭氧老化防护机理分析

橡胶臭氧化过程是一个由表及里的过程。橡胶臭氧老化机理为臭氧与 SBR、TRR 等不饱和橡胶双键发生反应，首先臭氧直接与双键发生加成反应，形成臭氧化合物，臭氧化合物再发生分解，生成醛、酮等。臭氧与双键的反应活化能很低，反应速度很快，可生成一层银白色的硬膜，厚度约 10 nm，在静态情况下该硬膜能阻止 O_3 与橡胶深层次接触。但在静态拉伸或动态应变情况下，当橡胶拉伸应力或伸长超过它的临界应力或临界伸长时，此膜就会出现裂纹，使 O_3 开始与原来未接触它的橡胶表面开始接触，臭氧反应继续进行，臭氧裂纹深度、裂纹长度和裂纹个数继续增加，最后形成较严重的臭氧裂口[132]，达到一定程度，轮胎胎面报废。

防止臭氧老化的方法有物理防护和化学防护。

物理防护：在 SBR/TRR 共混胶中添加防护蜡，在共混胶硫化时防护蜡溶解,冷却后处于过饱和状态,不断向共混胶表面喷出形成一层薄的蜡膜,这层蜡膜阻止了橡胶与空气中臭氧的接触,因此防止了臭氧老化。橡胶常用物理防护剂为石蜡和微晶蜡。石蜡中所含的成分主要是具有较长的、没有支链的烷烃,石蜡的结晶形态一般是尺寸较大的薄片,而微晶蜡主要成分则是相对分子质量较大的、带有较长碳链的环烷烃和芳香烃,一般由较细小的针状或粒状结晶构成。微晶蜡相对石蜡来说在共混胶中更易于分散,在硫化时能形成均匀的防护膜,有效阻止臭氧与 SBR 等不饱和橡胶烃反应,所以在 SBR/TRR 共混胶中添加微晶蜡作为物理防护剂效果比较好,但份数不能太多,一般 1.5 份左右。填充多份数时,不仅防护效果下降,反而会在橡胶表面形成"喷霜"现象,影响橡胶硫化时的交联网络的产生,影响共混胶性能。

化学防护:橡胶臭氧防护剂很多,但对 SBR 橡胶来说对苯二胺类的抗臭氧剂,如 4010NA 和防老剂 4020 防护效果最好,因为对苯二胺类的抗臭氧剂与臭氧的反应活性最高,当对苯二胺类的抗臭氧剂 4010NA 和防老剂 4020 与喹啉类防老剂 RD 并用时,且并用份数在 4.5 份左右时,可以大大降低橡胶发生臭氧龟裂的速率,降低共混胶臭氧化现象的产生。

SBR/TRR 共混胶中的二烯烃类高分子与 O_3 发生化学反应的机理过程如下:

第一步:

$$\underset{}{>}C=C\underset{}{<} + O_3 \longrightarrow -\overset{|}{\underset{|}{C}}\overset{O-O}{\underset{O}{\diagup}}\overset{|}{\underset{|}{C}}-$$

（a）

第二步:

$$-\overset{|}{\underset{|}{C}}\overset{O-O}{\underset{O}{\diagup}}\overset{|}{\underset{|}{C}}- \xrightarrow{\text{分解}} >C=O + >C=\overset{+}{O}\overset{O^-}{\diagup}$$

（b）　　　（c）

第三步:

$$>C=\overset{+}{O}\overset{O^-}{\diagup} \xrightarrow{\text{重新结合}} >C\overset{O-O-O}{\diagup\diagdown}C<$$

（d）

$$>C=\overset{+}{O}\overset{O^-}{\diagup} \xrightarrow{\text{二聚}} >C\overset{O-O}{\underset{O-O}{\diagup\diagdown}}C<$$

（e）

第四步：
$$\underset{O}{\overset{O-O}{\underset{\diagdown}{C}}}\underset{\diagdown}{C}\xrightarrow{\ H_2O\ }\ \diagup C=O+O=C\diagdown\ +H_2O_2$$
(f)

式中：(a)代表三氧化烃化合物；(b)代表醛或酮类物质；(c)代表氧化羰两性离子；(d)代表臭氧化合物 1；(e)代表臭氧化合物 2；(f)代表醛类物质。

从以上反应过程可以看出 O_3 将 SBR/TRR 共混胶中的二烯烃类高分子氧化生成氧化羰两性离子，该离子活性非常大，可以重新结合或发生二聚反应生成臭氧化合物；最后臭氧化合物发生水解生成醛、酮等稳定化合物。发生臭氧反应的根本原因就是 O_3 氧化能力很强，将 SBR/TRR 共混胶中的二烯烃类高分子氧化生成活性很高的氧化羰两性离子，最后将 SBR/TRR 共混胶氧化裂解。

通过资料检索知道对苯二胺类防老剂 4010NA 和 4020 电离势在 5.9～6.5 eV 间，比二烯烃类高分子电离势低 2.5 eV 左右，所以对苯二胺类防老剂的电子转移速度非常快，它的臭氧化反应活性比二烯烃类高分子的臭氧化反应活性高 50～150 倍[133]。当 SBR/TRR 共混胶接触到 O_3 时，高活性的对苯二胺防老剂 4010NA 和 4020 首先将 O_3 消耗掉，阻止了 O_3 与 SBR/TRR 共混胶中二烯烃聚合物的反应。当 SBR/TRR 共混胶表面的抗臭氧剂浓度下降时，橡胶内部的抗臭氧剂分子就会由于浓度差而迁移到橡胶表面，从而再与 O_3 发生反应，保护了二烯烃聚合物不被臭氧氧化或少氧化，直到抗臭氧防护剂消耗完毕。本实验采用对苯二胺类防老剂 4010NA、4020 和防老剂 RD 并用主要是因为防老剂 RD 与防老剂 4010NA、4020 在轮胎动态下使用时会产生很好的协同效应。

4.5　小　结

从以上 9 组配方的实验可以看出：

① 改变防护体系对胶料门尼黏度、硫化特性、硬度、密度、冲击弹性影响不大。

② 改变防护体系对胶料耐撕裂性能、耐磨性能、耐屈挠龟裂性能影响均较大。SBR/TRR 共混胶 8# 配方胶料的耐撕裂性能最好，4#、7# 配方胶料次之，5# 配方胶料性能最差；7# 配方耐磨性能最好，1# 配方和 4# 配方的耐磨性能次之，6# 配方耐磨性能最差；配方 1#、2#、4#、6#、8# 虽出现针刺点，但能满足农业轮胎性能使用要求；配方 3#、5#、9# 龟裂现象严重，不能满足农业轮胎性能使用

要求。

③ 改变防护体系对胶料的热氧老化性能影响很大,热氧老化后的拉伸强度和伸长率均有所下降,老化后 100% 和 300% 定伸应力均有所上升,且 1# 和 4# 配方的拉伸强度和伸长率相对其他配方降低值较少,防护效果最好。

④ 改变防护体系对胶料的臭氧老化性能影响很大,3# 配方及 9# 配方效果最差,4# 配方及 8# 配方效果最好。

通过以上数据可以分析出 SBR/TRR 共混胶选择 4# 配方,即防老剂 4010NA 1.5 份,防老剂 4020 1.5 份,防老剂 RD 1.5 份做化学防护,选择微晶蜡 1.5 份做物理防护,防老化效果较其他配方要好。采用三种防老剂并用时最佳总用量范围应控制在 4.5 份左右,其中防老剂 4010NA 1.5 份、防老剂 4020 1.5 份、防老剂 RD 1.5 份所取得的热氧老化和臭氧防护效果最好。采用三种防老剂并用,会产生防老剂的"协同效应"。在选择防护体系时要同时选择化学防护及物理防护,在动态情况下选择微晶蜡做物理防护效果好,份数控制在 1.5 份左右。

通过以上数据和防老剂防护机理分析,对 SBR/TRR 共混胶共混体系来说选择微晶蜡 1.5 份做物理防护,选择防老剂 4010NA、防老剂 4020、防老剂 RD 并用(总份数 4.5 份)做化学防护,对共混胶的热氧老化和臭氧老化均起到了很好的防护效果。

5　农业轮胎用SBR/TRR共混胶硫化体系及选择原因分析

5.1　引　言

　　随着农业机械化的发展,联合收割机用农业轮胎需求量越来越大,农业轮胎相对于载重轮胎来说,行驶速度慢,工作环境相对较差,所以农业轮胎的力学性能、耐磨性能、高速性要求低,但耐刺扎性和耐撕裂性要求高,为了满足这些使用性能要求在农业轮胎胎面中采用较高用量的低温乳聚SBR,达20～50份。由于低温乳聚SBR分子主链上引入了庞大苯基侧基,并在丁二烯1,2-结构形成乙烯侧基,空间位阻大,分子链柔性差,相对分子链分布窄,缺少低分子级别的增塑作用,因此加工性能差,流化速度慢、耐老化性差[134-135]。但将SBR与轮胎再生橡胶(TRR)共混可大大改善低温乳聚SBR的这些缺点,且能降低生产成本。另外选择不同硫化体系和促进剂对共混胶的门尼性能、硫化性能、力学性能、老化性能、耐磨性能、压缩性能等影响较大。本章研究硫化体系对农业轮胎用SBR/TRR共混胶性能的影响。

5.2　实　验

5.2.1　实验原材料

　　SBR1502,荣顺商贸有限公司;NR(1#标准胶),TRR,衡水市金都橡胶化工有限公司;BR9000,苏州宝禧化工有限公司;氧化锌,上海智孚化工科技有限公司;硬脂酸,中国石化集团公司南京化学工业有限公司;N220、N660,济南德蓝化工有限公司;防老 4010NA、防老剂 4020、防老剂 RD,上海成锦化工有限公司;芳烃油,兰州化学工业公司;硫黄,浙江黄岩浙东橡胶助剂有限公司;促进剂 TBzTD、促进剂 MBT、促进剂 TBSI,上海成锦化工有限公司;石蜡、抗热氧剂 RF、防焦剂 CTP、均匀分散剂均为市购产品。

5.2.2 实验设备及仪器

切胶机 66O-1 型单刀切胶机,无锡市第一橡塑机械有限公司;开炼机 XK-160,上海双翼橡塑机械有限公司;平板硫化机 YxE-25D,上海西玛伟力橡塑机械制造有限公司;门尼黏度仪 NW-97、无转子硫化仪 GT-M2000-A、密度测试仪 XS365M、高低温拉力试验机 GT-AI-7000-GD、压缩生热测定仪 RH-2000N、冲击弹性仪 WTB-0.5、高铁检测仪器有限公司;硬度计、邵尔 LX-A、冲击弹性仪 WTB-0.5、屈挠龟裂试验机,江都市新真威试验机械有限责任公司;热空气老化箱 RLH-225,南京五和试验设备有限公司;低场核磁共振仪 VTMR20-010V-I,苏州纽迈分析仪器股份有限公司。

5.2.3 基础配方及制备工艺

（1）基础配方

本研究设计 9 组配方,具体实验基础配方见表 5-1。

表 5-1 添加硫化促进剂共混胶基础配方和制备工艺表 单位:质量份

混炼工艺	原材料名称	1#	2#	3#	4#	5#	6#	7#	8#	9#
一段混炼 SBR/TRR 共混胶制备	SBR1502	40	40	40	40	40	40	40	40	40
	轮胎再生橡胶	60	60	60	60	60	60	60	60	60
	NR(标 1#)	30	30	30	30	30	30	30	30	30
	BR9000	20	20	20	20	20	20	20	20	20
	氧化锌	4.0	4.0	4.0	4.0	4.0	4.0	4.0	4.0	4.0
	硬脂酸	3.0	3.0	3.0	3.0	3.0	3.0	3.0	3.0	3.0
	防老 4010NA	1.5	1.5	1.5	1.5	1.5	1.5	1.5	1.5	1.5
	防老剂 4020	1.5	1.5	1.5	1.5	1.5	1.5	1.5	1.5	1.5
	防老剂 RD	1.5	1.5	1.5	1.5	1.5	1.5	1.5	1.5	1.5
	TK301	15	15	15	15	15	15	15	15	15
	高耐磨炭黑 N330	25	25	25	25	25	25	25	25	25
	通用炭黑 N660	35	35	35	35	35	35	35	35	35

表 5-1(续)

混炼工艺		原材料名称	1#	2#	3#	4#	5#	6#	7#	8#	9#
二段混炼母炼胶制备		NR(标1#)	30	30	30	30	30	30	30	30	30
		BR9000	20	20	20	20	20	20	20	20	20
		微晶蜡	1.5	1.5	1.5	1.5	1.5	1.5	1.5	1.5	1.5
		芳烃油	11	11	11	11	11	11	11	11	11
		热抗氧剂 RF	1.5	1.5	1.5	1.5	1.5	1.5	1.5	1.5	1.5
		均匀分散剂	1.5	1.5	1.5	1.5	1.5	1.5	1.5	1.5	1.5
三段混炼终炼胶制备	硫化体系	硫黄	2.5	2.5	2.5	1.0	1.0	1.0	0.4	0.4	0.4
		二硫化四苄基秋兰姆	0.5	—	—	1.5	—	—	3	—	—
		2-硫醇基苯并噻唑	—	1.5	—	—	2.5	—	—	5	—
		N-叔丁基-双(2-苯并噻唑)次磺酰胺	—	—	1.5	—	—	2.5	—	—	5
		防焦剂 CTP	0.1	0.1	0.1	0.1	0.1	0.1	0.1	0.1	0.1

备注:(1) 硫化温度 160 ℃。

(2) 硫化体系说明:1#、2#、3#普通硫化体系(CV);4#、5#、6#半有效硫化体系(SEV);7#、8#、9#有效硫化体系(EV)。

(3) 促进剂说明:二硫化四苄基秋兰姆简称促进剂 TBzTD;2-硫醇基苯并噻唑简称促进剂 MBT;N-叔丁基-双(2-苯并噻唑)次磺酰胺简称促进剂 TBSI。

(2) 制备工艺

采用开炼机三段混炼法进行实验胶料的制备,具体制备工艺如下。

① 一段混炼制备 SBR/TRR 共混胶

SBR1502 塑炼包辊→加入轮胎再生橡胶混炼均匀→加入氧化锌、硬脂酸、防老剂混炼均匀→添加中超炭黑 N220 混炼均匀→薄通 8 次→下片冷却,停放 24 h,制得 SBR/TRR 共混胶。

② 二段混炼制备母炼胶

NR(标1#)塑炼→添加 BR9000 混炼均匀→添加 SBR/TRR 共混胶混炼均匀→加入石蜡、均匀分散剂、热抗氧剂 RF 混炼均匀→加入中超炭黑 N220、芳烃油混炼均匀→薄通 8 次→下片冷却,停放 24 h,制得母炼胶。

③ 三段混炼制备终炼胶

停放后的母炼胶分成 9 份,分别包辊热炼→按配方要求添加硫黄、防焦剂 CTP 和促进剂→薄通 8 次→下片冷却,停放 24～96 h,制得终炼胶。

5.2.4 性能测试

未硫化橡胶门尼黏度测试,GB/T 1232.1—2016;橡胶硫化特性测试,GB/T 16584—1996;硫化橡胶硬度测试,GB/T 531.2—2009;硫化橡胶密度测试,GB/T 1033.1—2008;硫化橡胶冲击弹性测试,GB/T 1681—2009;硫化橡胶拉伸性能测试,GB/T 528—2009;硫化橡胶撕裂强度的测试,GB/T 529—2008;硫化橡胶热氧老化性能测试,GB/T 3512—2014;硫化橡胶磨耗性能测试,GB/T 1689—2014;硫化橡胶屈挠龟裂性能测试,GB/T 13934—2006;硫化橡胶动态压缩生热试验,GB/T 1687—2016。

5.3 结果与讨论

5.3.1 未硫化胶塑性测试

未硫化胶的塑性通过无转子硫化仪进行测试,9 组配方门尼黏度值见表 5-2。

表 5-2 添加硫化促进剂后未硫化胶门尼黏度值

配方	最大门尼黏度	平均门尼黏度	配方	最大门尼黏度	平均门尼黏度
1#	102.0	57.2	6#	97.8	63.7
2#	85.6	55.7	7#	98.5	62.0
3#	89.7	58.2	8#	95.3	62.0
4#	98.1	62.5	9#	87.5	62.3
5#	98.3	63.0			

通过表 5-2 分析:填充普通硫化体系的 1#、2#、3# 配方的门尼黏度值比其他配方低,胶料塑性好,流动性好,原因可能为在同样塑炼和混炼条件下,填充普通硫化体系的胶料在薄通过程中分子链氧化裂解速度比半有效硫化体系、有效硫化体系填充的胶料更快一些,使 SBR、TRR、NR、BR 橡胶分子链进一步断裂,橡胶相对分子质量变小,塑性降低,呈现出较低的门尼黏度值。

5.3.2 硫化特性测试

在 160 ℃进行硫化特性测试,各配方胶料硫化特性值见表 5-3 和图 6-6。

表 5-3 添加硫化促进剂后胶料硫化特性

配方	MH/(N·m)	ML/(N·m)	t_{10}/s	t_{90}/s	t_{100}/s
1#	46.36	7.18	44	123	270
2#	42.16	6.94	95	433	814
3#	45.51	7.13	68	350	641
4#	38.04	7.55	48	150	823
5#	29.04	7.96	114	485	1198
6#	33.61	8.20	80	328	1043
7#	34.75	7.20	47	183	774
8#	19.16	7.82	421	494	951
9#	25.19	7.01	66	310	771

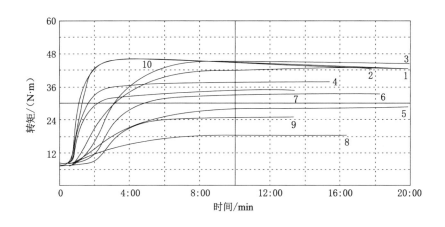

图 5-1 添加硫化促进剂胶料硫化曲线图

说明：图 5-1 硫化曲线中第 10 个数据是对 1# 配方数据的验证。

通过对表 5-3 和图 5-1 分析可知：采用二硫化四苄基秋兰姆做促进剂的 1#、4#、7# 配方的 t_{10}、t_{90}、t_{100} 均比较短，说明采用二硫化四苄基秋兰姆做促进剂，起硫点很快，焦烧时间短，硫化速度快，硫化程度高；采用 N-叔丁基-双(2-苯并噻唑)次磺酰胺做促进剂的 3#、6#、9# 配方的 t_{10}、t_{90}、t_{100} 次之，说明采用 N-叔丁基-双(2-苯并噻唑)次磺酰胺做促进剂，胶料起硫点稍长，焦烧时间中等长短，硫化活性较高,硫化速度较快,硫化程度较高;采用 2-硫醇基苯并噻唑做促进剂的 2#、5#、8# 配方的 t_{10}、t_{90}、t_{100} 均很长,说明采用 2-硫醇基苯并噻唑做促进剂,胶料起硫点缓慢,焦烧时间很长,胶料平坦期很长[135]。

5.3.3 基本性能测试

硫化胶的基本性能测试包括硬度测试、密度测试、冲击弹性测试,具体测试数据见表 5-4。

表 5-4 添加硫化促进剂胶料物理机械性能

项目		1#	2#	3#	4#	5#	6#	7#	8#	9#
基本性能	硬度	71	70	70	68	68	68	65	64	65
	冲击弹性/%	35	35	39	33	33	38	31	32	37
	密度/(g/cm^3)	1.145	1.148	1.146	1.148	1.150	1.152	1.146	1.152	1.149
撕裂性能/(N/mm)		40.85	45.20	79.79	44.42	47.60	63.61	38.10	44.15	60.85
拉伸强度/MPa	老化前	15.72	15.53	14.46	13.64	13.94	13.59	13.42	13.04	12.91
	老化后	11.76	12.33	12.14	13.02	12.92	12.69	12.06	11.78	12.24
	老化系数/%	−14.28	−20.60	−16.04	−4.54	−7.34	−6.62	−10.13	−9.66	−5.18
伸长率/%	老化前	460	572	522	685	734	655	784	837	788
	老化后	294	285	283	344	572	492	653	703	574
	老化系数/%	−36.1	−50.2	−45.8	−49.8	−22.1	−24.1	−16.7	−16.0	−27.2
100%定伸应力/MPa	老化前	2.64	2.56	2.57	2.04	2.23	2.15	1.85	1.67	1.78
	老化后	4.35	5.02	4.64	3.57	1.96	2.72	3.98	2.83	3.15
	老化系数/%	64%	96%	80%	75%	59%	95%	115%	69%	76%
300%定伸应力/MPa	老化前	8.36	7.15	7.37	5.89	5.33	5.15	4.61	3.99	4.62
	老化后	—	—	—	9.92	8.97	8.95	10.72	7.27	8.18
	老化系数/%	—	—	—	68%	68%	74%	132%	82%	77%
阿克隆磨耗/cm³		0.057	0.056	0.034	0.122	0.138	0.147	0.304	0.364	0.391

① 硬度比较:采用普通硫黄硫化体系的 1#、2#、3# 配方胶料的硬度最高,采用半有效硫化体系的 4#、5#、6# 配方胶料硬度次之,采用有效硫化体系的

$7^\#$、$8^\#$、$9^\#$配方胶料硬度最低。其原因为采用普通硫黄硫化体系的胶料硫黄用量大,硫化交联程度高,分子间作用力大,胶料结构度比较高,所以呈现硬度比较高,半有效硫化体系交联密度次之,有效硫化体系交联密度最小,分子间作用力也最小,胶料结构度较低,所以呈现硬度相对低。

② 冲击弹性比较:采用 N-叔丁基-双(2-苯并噻唑)次磺酰胺做促进剂的$3^\#$、$6^\#$、$9^\#$胶料冲击弹性好,原因为采用 N-叔丁基-双(2-苯并噻唑)次磺酰胺做促进剂的胶料硫化交联网络的均匀性比较好,所以表现出模量低、伸长变形大的现象,呈现最好的冲击弹性[136]。

③ 密度比较:采用不同硫化体系硫化对胶料的密度影响不大。

5.3.4 力学性能测试

撕裂性能实验条件:直角形试样,拉伸速度 500 mm/min±50 mm/min,测试温度 23 ℃。

拉伸性能实验条件:Ⅰ型哑铃试样,拉伸速度 500 mm/min±50 mm/min,测试温度 23 ℃。

老化性能实验条件:在 100 ℃的条件下进行 72 h 的热氧老化实验。

硫化促进剂研究胶料物理机械性能实验结果见表 5-4。

① 老化前冲击弹性、拉伸强度对比:从表 5-4 可以看出采用普通硫化体系的农业轮胎胶料拉伸强度最高,其次是半有效硫化体系,有效硫化体系拉伸强度最低。其原因可能是普通硫化体系多硫键多,网链易取向成有序排列,胶料拉伸时各处均匀承载,所以表现出冲击弹性大,拉伸性能高[137],而有效硫化体系多为单硫键,交联密度小,表现出冲击弹性小,拉伸强度低;半有效硫化体系中单硫键和多硫键并存,交联密度居中,所以冲击弹性、拉伸强度居中。

② 老化前定伸应力对比:从表 5-4 看出普通硫化体系胶料 100% 定伸应力>半有效硫化体系 100% 定伸应力>有效硫化体系 100% 定伸应力;普通硫化体系胶料 300% 定伸应力>半有效硫化体系 300% 定伸应力>有效硫化体系 300% 定伸应力。不管是 100% 定伸应力还是 300% 定伸应力对三种硫化体系来说变化趋势均是一致的。其原因同拉伸强度高低原因一致,普通硫化体系多硫键多,网链易取向成有序排列,胶料拉伸时各处均匀承载,所以定伸应力均很高。半有效硫化体系交联密度次之,定伸应力也次之,有效硫化体系交联密度最低,定伸应力也最小。

③ 老化前扯断伸长率对比:从表 5-4 看出普通硫化体系胶料伸长率<半有

效硫化体系胶料伸长率＜有效硫化体系胶料伸长率,说明有效硫化体系硫化的胶料分子构象变化能力大,分子链柔性强,胶料伸长率大。

老化前后性能对比:以拉伸强度为例进行分析,从表 5-4 中可以看出老化后胶料的拉伸强度均下降,老化系数均为负值,老化系数绝对值大小对比情况为:｜普通硫化体系胶料拉伸强度老化系数｜＞｜有效硫化体系胶料拉伸强度老化系数｜＞｜半有效硫化体系胶料拉伸强度老化系数｜,说明普通硫化体系耐老化性能最差,半有效硫化体系耐老化性能最好,有效硫化体系中等。因为以多硫键交联为主的普通硫化体系(CV)的胶料键能低,多硫键易分解,热稳定性差,耐热老化性能就差,而半有效硫化体系和有效硫化体系单硫键和双硫键多,键能高,受热后化学键依然牢固,表现出优良的耐热老化性能[138]。另外从表 5-4 可以看出老化后胶料伸长率均降低,而 100％定伸应力和 300％定伸应力均提高(8# 配方老化后 100％定伸应力断裂点有杂质,导致试样 100％定伸应力较低)。

另外从表 5-4 可以看出:填充 N-叔丁基-双(2-苯并噻唑)次磺酰胺做促进剂的 3# 的撕裂性能、冲击弹性在每个硫化体系中都相对较高,对农业轮胎来说非常重要。

5.3.5　磨耗性能测试

本次实验通过阿克隆磨耗实验测定磨耗体积来判断农业轮胎的磨耗性能的好坏,具体阿克隆磨耗实验数据见表 5-4。

通过表 5-4 可以看出,普通硫化体系的 1#、2#、3# 胶料耐磨性最好,其次是半有效硫化体系 4#、5#、6# 胶料耐磨性次之,有效硫化体系的 7#、8#、9# 胶料耐磨性最差。其原因为在普通硫化体系中硫黄用量大,硫化胶料多硫交联键比较多,网链易伸张,减少了橡胶表面因摩擦带来的裂纹扩展现象,提高了抗破坏能力,降低了磨耗体积。另外对普通硫化体系来说采用 N-叔丁基-双(2-苯并噻唑)次磺酰胺做促进剂的 3# 胶料耐磨性最好,原因为该促进剂具有后效性,硫化程度高,降低了分子链的活动能力。

5.3.6　屈挠疲劳测试

本次实验通过屈挠疲劳实验测定胶料达到 5 万次屈挠次数时裂口的程度来判断农业轮胎用 SBR/TRR 共混胶性能的好坏,9 组配方屈挠龟裂级别情况见图 5-2 和表 5-5。

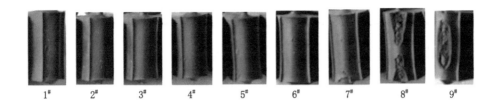

图 5-2　添加硫化促进剂胶料屈挠龟裂试样

表 5-5　添加硫化促进剂胶料屈挠龟裂性能

配方	屈挠龟裂现象	屈挠龟裂等级
1#	无	一级
2#	无	一级
3#	无	一级
4#	针刺点 1 个	一级
5#	无	一级
6#	针刺点 2 个	一级
7#	最大龟裂处的长度大于 1.5 mm,小于 3.0 mm	五级
8#	最大龟裂处的长度大于 3.0 mm	六级
9#	最大龟裂处的长度大于 3.0 mm	六级

通过图 5-2 和表 5-5 可以看出:普通硫化体系的 1#、2#、3# 胶料抗疲劳龟裂性最好,其次是半有效硫化体系的 4#、5#、6# 胶料,有效硫化体系的 7#、8#、9# 胶料抗疲劳龟裂性最差。其原因可能为普通硫化体系以多硫键交联,在疲劳龟裂实验中生热大,键能低,易断裂,但断开的多硫键立即与周围的大分子和炭黑或自由基重新交联,恢复了胶料的抗疲劳能力,所以耐疲劳老化时间延长。而有效硫化体系虽然以单硫键和双硫键交联,分子间力大,键能大,但经过 5 万次屈挠实验后交联键断裂,且不能像多硫键那样可以"自修复"[139],所以耐疲劳龟裂现象严重。而半有效硫化体系的胶料中既有单硫键、双硫键还有多硫键,所以耐龟裂性能中等。

5.3.7　动态压缩疲劳测试

将试样在一定时间内经过一定的振幅和频率对试样进行周期性压缩,测定压缩疲劳温升、静压缩变形率、动压缩变形率、永久变形等。

（1）试样：圆柱体，直径为 17.8 mm±0.15 mm，高为 25 mm±0.25 mm。

（2）实验条件

① 试验冲程：4.45 mm。

② 预应力：1.00 MPa。

③ 恒温室温度：55 ℃。

④ 压缩频率：30 Hz。

⑤ 速度：调整速度 5 mm/min；平衡速度 0.5 mm/min；回位速度 10 mm/min。

⑥ 时间：预热时间 30 min；测试时间 25 min。

（3）实验结果

动态压缩疲劳实验结果见表 5-6。

表 5-6　添加硫化促进剂橡胶动态压缩疲劳性能

项目		1#	2#	3#	4#	5#	6#	7#	8#	9#
最终生热温度/℃		试样破裂	试样破裂	试样破裂	46.8	47.9	45.3	38.7	39.5	38.0
试样原高度 h_0/mm		24.78	24.85	24.89	24.82	24.89	24.80	24.81	24.78	24.82
静压缩变形	h_1/mm	5.23	5.46	5.19	4.68	4.57	4.39	4.11	3.98	3.59
	ε_1/%	21.10	21.97	20.85	18.86	18.36	17.70	16.57	16.06	14.46
初动压缩变形	h_2/mm	3.76	3.98	3.78	3.01	2.97	2.89	2.23	2.36	1.89
	ε_2/%	15.17	16.02	15.18	12.13	11.93	11.65	8.99	9.52	7.61
终动压缩变形	h_3/mm	试样破裂	试样破裂	试样破裂	8.42	8.39	8.33	5.12	5.46	5.09
	ε_3/%	—	—	—	33.92	33.71	33.59	20.64	22.03	20.51
永久变形	h_4/mm	试样破裂	试样破裂	试样破裂	22.27	22.09	22.78	23.49	23.89	24.17
	ε_4/%	—	—	—	10.27	11.25	8.15	5.32	3.59	2.62

① 从表 5-6 可以看出普通硫化体系填充胶料生热大，动态压缩实验过程中试样破裂，而半有效硫化体系的胶料生热也较大，有效硫化体系的胶料生热温度最低，生热小。其原因可能为有效硫化体系橡胶分子间及填料粒子间黏度低，内摩擦小，温升就慢。而普通硫化体系硫化程度大，分子间内摩擦大，温升

快。另外相对来说填充 *N*-叔丁基-双(2-苯并噻唑)次磺酰胺的有效硫化体系的胶料温升最慢,升温性能最好。

② 从表 5-6 可以看出普通硫化体系填充胶料静压缩变形、动压缩变形和永久变形均较大,压缩过程中试样变形大,导致试样破裂。而半有效硫化体系和有效硫化体系的胶料静压缩变形、动压缩变形和永久变形相对于普通硫化体系要低,大大减少。其原因可能为胶料在压缩过程中普通硫化体系温升快,硬度变化大,变形也大,而半有效硫化体系和有效硫化体系温升稍慢,变形也相对较小。另外相对来说填充 *N*-叔丁基-双(2-苯并噻唑)次磺酰胺的有效硫化体系的胶料静压缩变形、动压缩变形和永久变形均最小。

5.3.8　交联密度测试

交联密度就是交联聚合物里面交联键的多少,一般用相对分子质量的大小来表示。交联密度越大,也就是单位体积内的交联键越多,交联程度更大。一般来说橡胶交联密度大,力学强度更好,回弹性更好。采用低场核磁共振仪进行了 SBR/TRR 共混胶交联密度测试,CPMG(Carr-Purcell-Meiboom-Gill)回波法是测量橡胶交联密度的一种常用核磁共振技术,测得的曲线为"T2 弛豫谱图"。

(1)实验条件

① 磁体类型:永磁体;② 磁场强度:0.5 T±0.05 T,仪器主频率:21.3 MHz;③ 探头线圈直径:10 mm;④ 控温范围:30~100 ℃;⑤ 选配功能:成像(层面内空间分辨率 0.08 mm)。

(2)试验结果

9 组胶料的 T2 弛豫谱图如图 5-3 所示,交联密度数据见表 5-7。

通过表 5-7 和图 5-3 可知:使用同等促进剂的情况下普通硫化体系的交联密度相对较高,半有效硫化体系次之,有效硫化体系交联密度相对较低。主要原因是普通硫化体系多为多硫键,交联键多,交联程度大,所以交联密度大,有效硫化体系多为单硫键,交联键少,交联程度低,交联密度小,而半有效硫化体系交联程度居于二者之间,所以交联密度也居中。在同样的硫化体系中使用二硫化四苄基秋兰姆促进剂交联密度最大,使用 *N*-叔丁基-双(2-苯并噻唑)次磺酰胺促进剂次之,使用 2-硫醇基苯并噻唑促进剂交联密度最小。

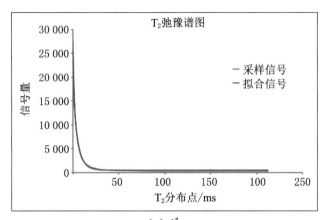

（a）1#

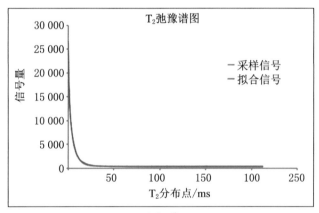

（b）2#

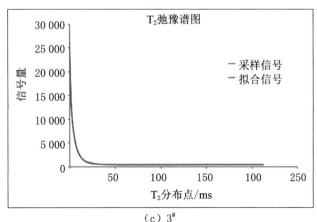

（c）3#

图 5-3　SBR/TRR 共混胶的 T2 弛豫谱图

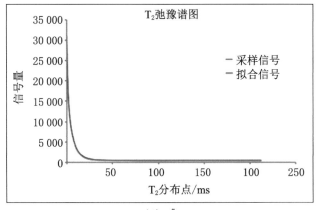

（d）4#

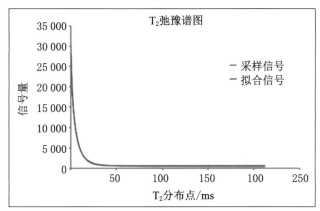

（e）5#

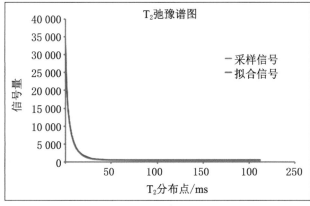

（f）6#

图 5-3 （续）

表 5-7　SBR/TRR 共混胶的交联密度

项目	1#	2#	3#	4#	5#	6#	7#	8#	9#
交联密度/($\times 10^{-4}$ mol/mL)	1.152	0.952	1.029	0.971	0.685	0.783	0.875	0.558	0.678

5.4　硫化体系选择原因分析

SBR/TRR 共混胶硫化过程示意图见图 5-4。SBR/TRR 共混胶的硫化反应是一个多元组分参与、由线性高分子形成网状交联高分子的复杂的化学反应

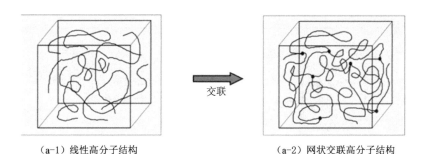

（a-1）线性高分子结构　　　　　　　（a-2）网状交联高分子结构

（a）SBR/TRR共混胶交联结构变化

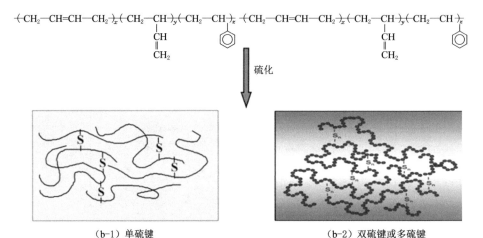

（b-1）单硫键　　　　　　　　　　（b-2）双硫键或多硫键

（b）SBR/TRR共混胶硫化交联键变化

图 5-4　SBR/TRR 共混胶的硫化过程

过程。橡胶分子与硫化剂及其他配合剂之间发生一系列的化学反应。其中橡胶分子与硫黄的反应占主导地位。根据硫黄用量和促进剂用量的不同,硫化体系分为普通硫化体系(CV)、半有效硫化体系(SEV)、有效硫化体系(EV)。

普通硫化体系(CV)是采用高用量硫黄(2～3 份)配比低用量促进剂(0.4～0.6 份)的硫化体系,该体系能产生 70% 及以上多硫交联键(—C—S$_x$—C—),硫化胶拉伸强度、耐龟裂疲劳和耐磨性能均比较好,且工艺成熟,成本低,但耐热氧老化和耐臭氧老化性能较低。

有效硫化体系(EV)是采用低用量硫黄(0.3～0.5 份)配比高用量的促进剂(3.0～6.0 份)的硫化体系,该体系单硫键(—C—S—C—)或双硫键(—C—S$_2$—C—)占主要优势,多达 90% 以上,硫化胶耐热性好、压缩变形小,但胶料的耐磨性、耐屈挠龟裂性差,且成本高。

半有效硫化体系(SEV)是指硫黄和促进剂用量介于普通硫化体系(CV)和有效硫化体系(EV)间的硫化体系。生成的体系多硫键、双硫键和单硫键并存。该体系既可以解决普通硫化体系(CV)带来的问题,也可以弥补有效硫化体系(EV)的不足,且胶料耐撕裂性能最好。经过实验验证农用轮胎用 SBR/TRR 共混胶选用 N-叔丁基-双(2-苯并噻唑)次磺酰胺做促进剂的半有效硫化体系(SEV)效果最好。

5.5 小 结

通过以上分析得出以下结论:

① 在普通硫化体系(CV)、半有效硫化体系(SEV)、有效硫化体系(EV)三种硫化体系中采用普通硫化体系(CV)的生胶门尼黏度低,胶料流动性好,半有效硫化体系(SEV)稍高,流动也较好,有效硫化体系(EV)门尼黏度最高,流动性稍差。

② 在普通硫化体系(CV)、半有效硫化体系(SEV)、有效硫化体系(EV)三种硫化体系中采用普通硫化体系(CV)的硫化胶硬度高、扯断伸长率小,耐磨性好,耐屈挠龟裂性好,半有效硫化体系(SEV)次之,有效硫化体系(EV)硬度偏低,扯断伸长率最大,耐磨性和耐屈挠龟裂性最差。

③ 在普通硫化体系(CV)、半有效硫化体系(SEV)、有效硫化体系(EV)三种硫化体系中采用普通硫化体系(CV)的硫化胶拉伸强度最高、定伸应力最大,有效硫化体系(SEV)次之,半有效硫化体系(EV)拉伸强度最低、定伸应力

最小。

④ 在普通硫化体系(CV)、半有效硫化体系(SEV)、有效硫化体系(EV)三种硫化体系中采用有效硫化体系(EV)耐屈挠龟裂性能最好、胶料生热最小,胶料压缩变形最小,半有效硫化体系次之(SEV),普通硫化体系(CV)这三项性能最差。

⑤ 不同类型的促进剂对胶料的焦烧时间和硫化时间影响较大。采用二硫化四苄基秋兰姆做促进剂,胶料起硫点很快,胶料焦烧时间短,硫化速度快,硫化程度高;采用 2-硫醇基苯并噻唑做促进剂,胶料起硫点稍长,焦烧时间中等长短,硫化活性较高,硫化速度较快,硫化程度较高;采用 N-叔丁基-双(2-苯并噻唑)次磺酰胺做促进剂,胶料起硫点缓慢,焦烧时间长,胶料平坦期很长,但胶料不易焦烧。

⑥ 采用不同的促进剂对胶料的冲击弹性、撕裂强度、耐老化性能、耐屈挠龟裂性能、生热性、形变等影响较大。采用 N-叔丁基-双(2-苯并噻唑)次磺酰胺做促进剂冲击弹性最好、撕裂强度最高、耐老化性能最好、耐屈挠龟裂性能好、生热小、形变低。

采用普通硫化体系(CV)硫化胶料拉伸强度最好,定伸应力最高,耐磨性最好,耐屈挠龟裂性能最好,但耐老化性差、升温大、变形大,而采用有效硫化体系(EV)硫化胶料正好相反,耐老化性最好,升温小,变形小,采用半有效硫化体系(SEV)硫化的胶料性能居中,既能解决普通硫化体系(CV)的缺点,又能弥补有效硫化体系(EV)的不足。另外采用不同的促进剂对胶料性能影响也较大,实验证明采用 N-叔丁基-双(2-苯并噻唑)次磺酰胺做促进剂的胶料,冲击弹性好,耐撕裂性好,耐老化性好[100]。

通过以上分析得出对农业轮胎来说选用 N-叔丁基-双(2-苯并噻唑)次磺酰胺(份数 2.5)做促进剂的半有效硫化体系(SEV)(S 用量 1.0)最合适。

6 农业轮胎用 SBR/TRR 共混胶软化增塑体系及作用原因分析

6.1 引 言

橡胶软化增塑体系的作用就是在橡胶中添加某些物质,使橡胶大分子分子间作用力降低,从而降低橡胶的玻璃化转变温度 T_g,增加橡胶可塑性、流动性,便于压延、压出、成型、硫化操作。所以在进行胶料配方设计时选择合适的软化增塑剂非常重要。本书新合成一种新型橡胶增塑剂 2-乙酰基芘 $C_{18}H_{12}O$,其不仅可做增塑剂,同时可做防焦剂使用,且效果较好。

芘衍生物以其优良的荧光性质,如高荧光量子产率、优异的热稳定性、长荧光寿命,引起了广泛的关注[140-145]。许多有趣的芘基功能材料还被报道作为重要的有机半导体应用于有机发光二极管(OLED)、有机场效应晶体管(OFETs)和有机光伏器件(OPVs)[146-148],但经过课题组研究既可以做抗热氧剂,也可以做增塑剂。作为抗热氧剂,在胶料混炼和使用过程中,2-乙酰基芘 $C_{18}H_{12}O$ 热稳定性很好,降低了胶料生热和氧化裂解现象,延长了胶料的使用寿命;作为增塑剂,在胶料中添加之可使橡胶分子间的作用力降低,可降低胶料的玻璃化温度,增加胶料的可塑性和流动性,易于轮胎胎面的压出操作。

对芘衍生反应几乎集中在 1 号、3 号、6 号和 8 号位置[149-152],很少有关于 2-取代芘衍生物的文章报道,因为通过 2 号位的芘存在 HOMO 和 LUMO 的节点平面垂直,这个位置的芘衍生物很难合成[153-158]。本书报道了一种 2 号位置取代芘的衍生物的合成和晶体结构,并将其应用于农业轮胎用 SBR/TRR 共混胶中。

6.2 实　验

6.2.1　主要原材料

4,5,9,10-四氢芘,郑州如科生物科技有限公司;二氯二氰基苯醌,河南万象精细化工有限公司;乙酰氯,安徽中仁化工科技有限公司;二硫化碳,上海昊化化工有限公司;无水三氯化铝,南通润丰石油化工有限公司;二氯甲烷、乙醇、苯均为市售产品。SBR1502,中国石油天然气股份有限公司;轮胎再生橡胶TRR,衡水市金都橡胶化工有限公司;20#标准胶,新远大橡胶(泰国)有限公司;顺丁胶9000,苏州宝禧化工有限公司;沉淀法白炭黑,山东海化股份有限公司;硬脂酸、防护蜡,中国石化集团公司南京化学工业有限公司;ZnO、防老剂4020、防老剂4010NA、均匀分散剂 MS,上海智孚化工科技有限公司;防老剂RD、芳烃油,兰州化学工业公司;各类促进剂,上海成锦化工有限公司;高耐磨炭黑 N330、通用炭黑 N660,四川实达化工有限责任公司;中超炭黑 N220,河北大光明实业集团巨无霸炭黑有限公司;硫黄,浙江黄岩浙东橡胶助剂有限公司;抗热氧剂 RF,安徽固邦化工有限公司;古马隆、PEG 均为市售产品。

6.2.2　主要仪器和设备

全自动新型鼓风干燥箱 ZFD-A5040 型,上海智城分析仪器制造有限公司;精密电动搅拌器 JJ-I 型,常州国华电器有限公司;切胶机 660-I 型、开炼机 X(S)K-160、平板硫化机 QLB-500/Q,无锡市第一橡塑机械有限公司;无转子门尼黏度仪 NW-97、高低温拉力试验机 GT-AI-7000-GD、压缩生热测定仪 RH-2000N、阿克隆磨耗试验机 GT7012-A、屈挠龟裂试验机 YS-25,高铁检测仪器有限公司;硬度计邵 LX-A、冲击弹性仪 WTB-0.5,江都市新真威试验机械有限责任公司。

6.2.3　新型软化增塑剂 2-乙酰基芘 $C_{18}H_{12}O$ 的制备

2-乙酰基芘 $C_{18}H_{12}O$ 的合成分三步完成,第一步进行 2-乙酰基-4,5,9,10-四氢芘的合成,第二步进行 2-乙酰基芘 $C_{18}H_{12}O$ 的合成,第三步进行 2-乙酰基芘晶体的培养,前两步合成路线如图 6-1 所示[159-161]。

(1) 2-乙酰基-4,5,9,10-四氢芘的合成

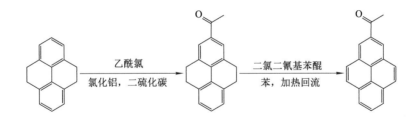

图 6-1　2-乙酰基芘 $C_{18}H_{12}O$ 的合成路线

2-乙酰基-4,5,9,10-四氢芘的合成分七步完成,主要是 4,5,9,10-四氢芘在一定条件下与二硫化碳、无水三氯化铝和乙酰氯反应,然后经过水解、萃取、干燥、过滤得到 2-乙酰基-4,5,9,10-四氢芘,熔点为 146～148 ℃,产率为 56%[159-161]。2-乙酰基-4,5,9,10-四氢芘的具体合成步骤见图 6-2。

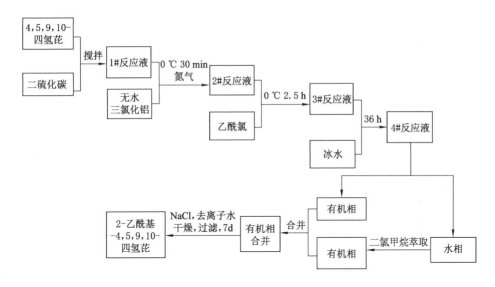

图 6-2　2-乙酰基-4,5,9,10-四氢芘的合成路线

（2）2-乙酰基芘 $C_{18}H_{12}O$ 的合成

2-乙酰基芘的合成分四步完成,主要是 2-乙酰基-4,5,9,10-四氢芘在一定条件下与二氯二氰基苯醌、苯反应,然后经过干燥、过滤得到 2-乙酰基芘,产率为 72%,熔点为 146～148 ℃[159-161]。2-乙酰基芘的具体合成步骤见图 6-3。

（3）2-乙酰基芘晶体培养

将 2-乙酰基芘溶于二氯甲烷中,然后加入乙醇搅拌均匀;再用封口膜封口,溶剂慢慢挥发,三天后得到的黄色块状晶体即为 2-乙酰基芘晶体[159-161]。

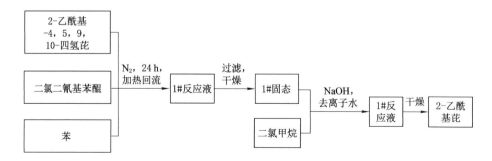

图 6-3   2-乙酰基芘 $C_{18}H_{12}O$ 的合成路线

6.2.4   基础配方

本实验主要通过 12 个配方研究 2-乙酰基芘 $C_{18}H_{12}O$ 的软化增塑作用和热稳定性。具体基础配方见表 6-1。

表 6-1   新型软化增塑剂 2-乙酰基芘 $C_{18}H_{12}O$ 的基础配方   单位:质量份

材料	1#	2#	3#	4#	5#	6#	7#	8#	9#	10#	11#	12#	13#
SBR1502	40	40	40	40	40	40	40	40	40	40	40	40	40
TRR	60	60	60	60	60	60	60	60	60	60	60	60	60
NR(1#)	30	30	30	30	30	30	30	30	30	30	30	30	30
BR9000	20	20	20	20	20	20	20	20	20	20	20	20	20
TK301	15	15	15	15	15	15	15	15	15	15	15	15	15
材料	1#	2#	3#	4#	5#	6#	7#	8#	9#	10#	11#	12#	13#
N330	25	25	25	25	25	25	25	25	25	25	25	25	25
N660	35	35	35	35	35	35	35	35	35	35	35	35	35
防老剂 4010NA	1.5	1.5	1.5	1.5	1.5	1.5	1.5	1.5	1.5	1.5	1.5	1.5	1.5
防老剂 4020	1.5	1.5	1.5	1.5	1.5	1.5	1.5	1.5	1.5	1.5	1.5	1.5	1.5
防老剂 RD	1.50	1.50	1.50	1.50	1.50	1.50	1.50	1.50	1.50	1.50	1.50	1.50	1.50
微晶蜡	1.50	1.50	1.50	1.50	1.50	1.50	1.50	1.50	1.50	1.50	1.50	1.50	1.50
S	0.9	1.0	1.1	0.9	1.0	1.1	0.9	1.0	1.1	0.9	1.0	1.1	1.1
促进剂 TBSI	2.50	2.50	2.50	0	0	0	0	0	0	2.00	1.50	0	0

表 6-1(续)

材料	1#	2#	3#	4#	5#	6#	7#	8#	9#	10#	11#	12#	13#
促进剂 MBT	0	0	0	1.50	1.50	1.50	0	0	0	1.00	0	1.00	1.00
促进剂 TBzTD	0	0	0	0	0	0	2.50	2.50	2.50	0	1.00	2.00	2.00
氧化锌	3.50	3.80	4.00	3.50	3.80	4.00	3.50	3.80	4.00	3.50	3.80	4.00	4.00
硬脂酸	3.00	2.50	2.00	3.00	2.50	2.00	3.00	2.50	2.00	3.00	2.50	2.00	2.00
防焦剂 CTP	0.10	0.10	0.10	0.10	0.10	0.10	0.10	0.10	0.10	0.10	0.10	0.10	0.10
芳烃油	9	10	11	9	10	11	9	10	11	9	10	11	11
2-乙酰基芘 $C_{18}H_{12}O$	0.30	0.40	0.50	0.30	0.40	0.50	0.5	0.40	0.50	0.30	0.40	0.50	0
抗热氧剂 RF	0	0	0	0	0	0	0	0	0	0	0	0	1.00
均匀分散剂 FC	1.00	1.30	1.50	1.00	1.30	1.50	1.00	1.30	1.50	1.00	1.30	1.50	1.50

6.2.5　制备工艺

采用开炼机三段混炼法进行实验胶料的制备,具体制备工艺如下。

(1) 一段混炼制备 SBR/TRR 共混胶

SBR1502 塑炼包辊→加入精细再生橡胶混炼均匀→加入氧化锌、硬脂酸、防老剂混炼均匀→添加高耐磨炭黑 N330 混炼均匀→薄通 8～10 次→下片冷却,停放 24～96 h,制得 SBR/TRR 共混胶。

(2) 二段混炼制备母炼胶

NR(SCR10)塑炼→添加 BR9000、增塑剂 2-乙酰基芘 $C_{18}H_{12}O$,混炼均匀→添加 SBR/TRR 共混胶混炼均匀→加入石蜡、均匀分散剂 FC、2-乙酰基或抗热氧剂 RF 混炼均匀→通用炭黑 N660、芳烃油混炼均匀→薄通 8～10 次→下片冷却,停放 24～96 h,制得母炼胶。

(3) 三段混炼制备终炼胶

根据需要将停放后的母炼胶分成若干份,然后分别包辊热炼→按配方要求添加硫黄、防焦剂 CTP、促进剂→薄通 8～10 次→下片冷却,停放 24～96 h,制得终炼胶。

6.3 结果与讨论

6.3.1 2-乙酰基芘的结构

2-乙酰基芘 $C_{18}H_{12}O$ 晶体结构如图 6-4 所示,通过 X-射线单晶衍射表明 2-乙酰基芘 $C_{18}H_{12}O$ 取代的位置在芘的 2 号位且乙酰基团均在芘环平面上。经测试相邻两个分子面与面距离为 3.350 Å(1 Å=0.1 nm),存在很强的 π—π 相互作用[159-160],如图 6-5 所示。由于两个分子间 π—π 相互作用,每两个分子形成"二聚体"[161]。在胶料中添加 2-乙酰基芘可使橡胶分子间的作用力降低,降低胶料的玻璃化温度,增加胶料的可塑性和流动性,易于轮胎胎面的压出操作;另外 2-乙酰基芘还可降低胶料的生热,可做抗热氧剂。

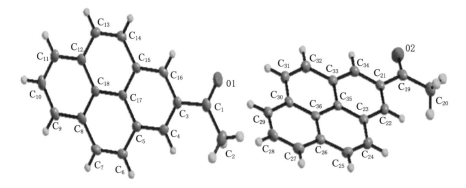

图 6-4　2-乙酰基芘 $C_{18}H_{12}O$ 晶体结构图

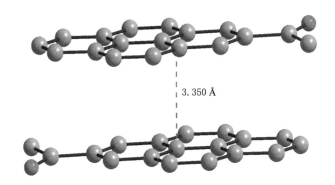

图 6-5　2-乙酰基芘 $C_{18}H_{12}O$ 分子间的相互作用

6.3.2 新型软化增塑剂 2-乙酰基芘 $C_{18}H_{12}O$ 的应用性能分析

6.3.2.1 未硫化胶塑性测试

通过测试 13 组配方胶料的门尼黏度进行胶料塑性大小判断,一般胶料门尼黏度越小,相对分子质量越小,塑性越高。门尼黏度测试数据见表 6-2。

表 6-2 采用新型软化增塑剂 2-乙酰基芘 $C_{18}H_{12}O$ 胶料门尼黏度

配方	最大门尼黏度	平均门尼黏度	配方	最大门尼黏度	平均门尼黏度
1#	97.8	63.7	7#	97.5	62.9
2#	98.3	63.0	8#	95.8	62.6
3#	98.1	62.5	9#	87.5	62.3
4#	99.1	64.3	10#	98.6	64.3
5#	98.5	63.0	11#	95.2	63.3
6#	97.6	62.2	12#	93.2	62.1
			13#	105.6	78.2

通过表 6-2 发现 2-乙酰基芘 $C_{18}H_{12}O$ 在农业轮胎 SBR/TRR 共混胶中使用时,降低了共混胶的门尼黏度,原因为 2-乙酰基芘 $C_{18}H_{12}O$ 与橡胶混合使用时,乙酰基团的存在削弱了 NR、BR、SBR、TRR 分子间的作用力,从而使共混胶的 T_g 降低,胎面胶的可塑性和流动性也增加了,便于胶料混炼、胎面压出、轮胎成型和轮胎硫化等操作。这说明 2-乙酰基芘 $C_{18}H_{12}O$ 可做橡胶软化增塑剂,且软化增塑效果较好。从图中还可以看出添加 0.3~1.0 份 2-乙酰基芘 $C_{18}H_{12}O$ 在农业轮胎胎面胶中效果较好。

6.3.2.2 物理机械性能测试

对 13 组配方胶料进行了硬度、拉伸性能、撕裂性能、冲击弹性、阿克隆磨耗实验、动态压缩疲劳实验、屈挠龟裂实验等,实验结果见表 6-3。

通过表 6-3 对比发现使用了 2-乙酰基芘 $C_{18}H_{12}O$ 的农业轮胎用 SBR/TRR 共混胶动态压缩疲劳生热温度大大降低,原因为添加了 2-乙酰基芘 $C_{18}H_{12}O$ 的胶料具有优异的热稳定性,降低了胶料生热和氧化裂解现象,降低了生热温度,延长了胶料使用寿命,2-乙酰基芘 $C_{18}H_{12}O$ 可做橡胶稳定剂。轮胎胶料在加工过程中,会产生大量的热量。如:胎面压出时容易出现熟胶现象,导致胎面胶胶料性能严重下降;硫化后轮胎在使用过程中因生热大导致胎面出现早期龟裂、胎面脱层等现象,降低了轮胎的使用寿命以及安全性[162]。通过添加 2-乙酰基芘 $C_{18}H_{12}O$,可改善胶料加工和使用过程中的生热情况,提高轮胎生产和使用质量,延长轮胎使用寿命,降低安全风险。从表 6-3 中还可以看出添加 $0.3\sim0.5$ 份 2-乙酰基芘 $C_{18}H_{12}O$ 在农业轮胎胎面胶中,其物理机械性能均能满足农业轮胎技术性能指标要求。

表 6-3 采用新型软化增塑剂 2-乙酰基芘 $C_{18}H_{12}O$ 胶料的物理机械性能

项目		1#	2#	3#	4#	5#	6#	7#	8#	9#	10#	11#	12#	13#
硬度		67	68	68	67	67	68	67	68	68	67	68	68	68
拉伸强度/MPa		12.91	12.56	15.96	13.06	13.56	1502	15.42	15.34	15.27	13.42	15.00	15.42	14.68
100%定伸应力/MPa		655	671	666	734	721	742	685	684	657	689	679	724	656
300%定伸应力/MPa		492	487	486	572	564	571	344	333	327	505	426	488	581
撕裂强度/(N/mm)		63.61	64.21	68.21	67.60	68.26	68.32	64.42	63.69	68.01	66.28	62.69	69.58	65.27
冲击弹性/%		39	39	39	35	36	35	33	33	32	37	35	33	36
阿克隆磨耗/cm³		0.122	0.110	0.101	0.138	0.134	0.129	0.147	0.142	0.135	0.127	0.136	0.131	0.136
压缩生热温度/℃		37.0	36.1	38.9	37.9	38.1	35.3	37.2	36.8	35.2	37.7	36.2	35.4	47.8
屈挠龟裂实验	龟裂现象	针刺点1个	无龟裂	无龟裂	针刺点2个	针刺点个	无龟裂	针刺点1个	无龟裂	无龟裂	无龟裂	无龟裂	无龟裂	针刺点2个
	龟裂等级	一级	一级	一级	一级	一级	一级	一级	一级	一级	一级	一级	一级	一级

6.4 2-乙酰基芘软化增塑原因分析

当 2-乙酰基芘加入橡胶中时,2-乙酰基芘小分子进入橡胶大分子间,橡胶分子间距加大,分子间作用力减小,链段的活动能力增加,玻璃化转变温度下降,橡胶的可塑性增加,流动性变好,共混胶的硫化时间缩短,加工性能变好。一般软化增塑剂分子的体积越大,橡胶的分子间距变得越大,及分子间作用力越小,玻璃化转变温度越低,所以玻璃化转变温度的降低是和软化增塑剂分子体积有关的,$\Delta T_g = \beta V$,β 为比例常数,V 为软化增塑剂体积分数。从 2-乙酰基芘 $C_{18}H_{12}O$ 结构可以分析,2-乙酰基芘 $C_{18}H_{12}O$ 分子体积比较大,软化增塑效果相对较好,且易于分散到 SBR/TRR 共混胶中。

6.5 小　结

2-乙酰基芘 $C_{18}H_{12}O$ 在农业轮胎 SBR/TRR 共混胶中使用时,降低了共混胶的门尼黏度,原因为 2-乙酰基芘 $C_{18}H_{12}O$ 与橡胶混合使用时,乙酰基团的存在削弱了 NR、BR、SBR、TRR 分子间的作用力,从而使共混胶的 T_g 降低,胎面胶的可塑性和流动性增加,便于胶料混炼、胎面压出、轮胎成型和轮胎硫化等操作。这说明 2-乙酰基芘 $C_{18}H_{12}O$ 可做橡胶软化增塑剂,且软化增塑效果较好。

2-乙酰基芘 $C_{18}H_{12}O$ 在农业轮胎 SBR/TRR 共混胶中使用时,动态压缩疲劳生热温度大大降低,原因为添加了 2-乙酰基芘 $C_{18}H_{12}O$ 的胶料具有优异的热稳定性,减少了胶料生热和氧化裂解现象,降低了生热温度,延长了胶料使用寿命,2-乙酰基芘 $C_{18}H_{12}O$ 可做橡胶防焦剂使用。轮胎胶料在加工过程中,会产生大量的热量,如:胎面压出时容易出现熟胶现象,引起胎面胶胶料性能严重下降;硫化后轮胎在使用过程因生热大导致胎面出现早期龟裂、胎面脱层等现象,降低了轮胎的使用寿命以及安全性[163]。通过添加 2-乙酰基芘 $C_{18}H_{12}O$,可改善胶料加工和使用过程中的生热情况,提高轮胎生产和使用质量,延长轮胎使用寿命,降低安全风险。

通过以上分析得出 2-乙酰基芘 $C_{18}H_{12}O$ 添加在农业轮胎胎面中,不仅可做软化增塑剂也可做防焦剂,使用份数在 0.3～0.5 之间,效果均较好。

7 农业轮胎用 SBR/TRR 共混胶制备方法及性能

7.1 引　言

为保证农业轮胎具有很好的力学性能、耐撕裂性能、耐磨耗性能、耐老化性能和耐生热性能,除了要进行配方设计选择,即进行生胶体系(共混胶体系)、填充补强体系、老化防护体系、硫化体系和软化增塑体系的设计选择,还要进行合适的制备方法的设计选择,包括混炼方法和硫化方法。

7.2 实　验

7.2.1 主要原材料

SBR1502,中国石油天然气股份有限公司;轮胎再生橡胶 TRR,衡水市金都橡胶化工有限公司;20#标准胶,新远大橡胶(泰国)有限公司;顺丁胶 9000,苏州宝禧化工有限公司;沉淀法白炭黑,山东海化股份有限公司;硬脂酸、防护蜡,中国石化集团公司南京化学工业有限公司;ZnO、防老剂 4020、防老剂 1040NA、均匀分散剂 MS,上海智孚化工科技有限公司;防老剂 RD、芳烃油,兰州化学工业公司;各类促进剂,上海成锦化工有限公司;高耐磨炭黑 N330、通用炭黑 N660,四川实达化工有限责任公司;中超炭黑 N220,河北大光明实业集团巨无霸炭黑有限公司;硫黄,浙江黄岩浙东橡胶助剂有限公司;抗热氧剂 RF,安徽固邦化工有限公司。

7.2.2 主要仪器和设备

切胶机 660-I 型、开炼机 X(S)K-160、平板硫化机 QLB-500/Q，无锡市第一橡塑机械有限公司；无转子门尼黏度仪 NW-97、高低温拉力试验机 GT-AI-7000-GD、压缩生热测定仪 RH-2000N、阿克隆磨耗试验机 GT7012-A、屈挠龟裂试验机 YS-25，高铁检测仪器(东莞)有限公司；硬度计邵 LX-A、冲击弹性仪 WTB-0.5，江都市新真威试验机械有限责任公司。

7.2.3 基础配方

通过前 6 章的研究确定了农业轮胎用 SBR/TRR 共混胶较优的配方体系：生胶体系选择 SBR、TRR、NR 和 BR 并用；填充补强体系选择新型填充补强剂 TK301 与高耐磨炭黑 N330、普通炭黑 N600 并用；老化防护体系选择防老剂 4010NA、防老剂 4020、防老剂 RD、微晶蜡并用；硫化体系选择促进剂 TBSI 和 S 并用的半有效硫化体系；软化增塑体系选择 2-乙酰基芘做增塑剂和防焦剂。具体基础配比见表 7-1。

表 7-1　农业轮胎用 SBR/TRR 共混胶较优基础配方　　单位:质量份

序号	材料名称	质量份	序号	材料名称	质量份
1	SBR1502	40	11	TK301	15
2	TRR	60	12	高耐磨炭黑 N330	25
3	NR(1#)	30	13	通用炭黑 N660	35
4	BR9000	20	14	S	1.0
5	ZnO	4	15	促进剂 TBSI	2.5
6	SA	3	16	2-乙酰基芘	0.5
7	防老剂 4010NA	1.5	17	芳烃油	11
8	防老剂 4020	1.5	18	抗热氧剂 RF	1.5
9	防老剂 RD	1.5	19	均匀分散剂 MS	1.5
10	微晶蜡	1.5			

7.2.4 制备方法

7.2.4.1 农业轮胎用 SBR/TRR 共混胶共混方法

(1)工艺流程

胶料制备工艺流程分为四步：

第 1 步：胶料制备，包括材料称量配合，胶料塑混炼，下片停放 8～16 h。

第 2 步：生胶性能测试，包括胶料门尼黏度测试、硫化仪测试，以判断胶料的塑性和硫化特性，便于确定硫化条件、时间、温度和压力等。

第 3 步：胶料硫化，根据硫化仪测定曲线和参数判定的硫化条件进行硫化。

第 4 步：硫化胶性能测试，根据所测性能对应的国标进行测试，并进行数据处理。

（2）共混方法

本实验设计了 8 种共混方法，具体见表 7-2。

表 7-2　共混方法

共混方法序号	具体共混方法
1#	正常混炼，将 NR、BR、SBR、TRR 正常混炼，然后添加 60 份炭黑（N330 和 N660 混合均匀）及其他配合剂，最后加入 S 和促进剂 TBSI
2#	先将 SBR/TRR 共混制成母胶，再与 NR、BR 混炼，然后添加 60 份炭黑（N330 和 N660 混合均匀）及其他配合剂，最后加入 S 和促进剂 TBSI
3#	先将 10 份的炭黑与 SBR/TRR 共混制成母胶，再与 NR、BR 混炼，然后添加 50 份炭黑（N330 和 N660 混合均匀）及其他配合剂，最后加入 S 和促进剂 TBSI
4#	先将 20 份的炭黑与 SBR/TRR 共混制成母胶，再与 NR、BR 混炼，然后添加 40 份炭黑（N330 和 N660 混合均匀）及其他配合剂，最后加入 S 和促进剂 TBSI
5#	先将 30 份的炭黑与 SBR/TRR 共混制成母胶，再与 NR、BR 混炼，然后添加 30 份炭黑（N330 和 N660 混合均匀）及其他配合剂，最后加入 S 和促进剂 TBSI
6#	先将 40 份的炭黑（N330 和 N660 混合均匀）与 SBR/TRR 共混制成母胶，再与 NR、BR 混炼，然后添加 20 份炭黑（N330 和 N660 混合均匀）及其他配合剂，最后加入 S 和促进剂 TBSI
7#	先将 50 份的炭黑（N330 和 N660 混合均匀）与 SBR/TRR 共混制成母胶，再与 NR、BR 混炼，然后添加 10 份炭黑（N330 和 N660 混合均匀）及其他配合剂，最后加入 S 和促进剂 TBSI
8#	先将 60 份的炭黑（N330 和 N660 混合均匀）与 SBR/TRR 共混制成母胶，再与 NR、BR 混炼，然后添加配合剂，最后加入 S 和促进剂 TBSI

（3）塑炼工艺

该实验中只有天然橡胶需要进行塑炼，采用薄通塑炼法进行，首先将辊距调整为 0.8～1 mm,胶料通过辊距后不包辊直接落盘。等胶料全部通过辊距后,将其扭转 90°角推到辊筒上方再次通过辊距,反复进行 10 次,塑炼完成。

(4) 混炼工艺

① 炼胶设备及炼胶工艺

炼胶设备:采用开炼机混炼,型号 XK-160/XK-360。

炼胶工艺:辊温,前辊温 55～65 ℃,后辊温 50～55 ℃;辊距:混炼辊距 1.5 mm±0.2 mm;下片辊距 4 mm±0.5 mm,混炼时间 30 min。

② 加料顺序

A. 正常混炼

正常混炼分 5 步进行加料,具体加料步骤如下:

第 1 步:加入生胶进行混炼,将 NR、SBR1502、BR9000、TRR 进行混炼均匀。

第 2 步:加入固体软化剂,将 SA、防护蜡加入,并混炼均匀。

第 3 步:加入活化剂、防老剂、均匀剂等小料,将 ZnO、防老剂、抗热氧剂 RF、均匀剂 MS 加入,并混炼均匀。

第 4 步:加入填充补强剂,将中超炭黑 N220 加入,并混炼均匀。

第 5 步:加入硫化剂和促进剂,将 S、促进剂 TBSI 加入,并混炼均匀,下片存放 6～48 h,得到终炼胶。

分段混炼:

分段混炼分 7 步完成,具体步骤如下:

第 1 步:加入部分生胶,将 SBR1502 和 TRR 生胶进行混炼均匀,制得 SBR/TRR 共混胶。

第 2 步:加入部分填充补强剂,按照混炼方法第一段质量份加入中超炭黑 N220,制得母炼胶。

第 3 步:加入其余生胶,将 NR(20#)和 BR9000 加入,并混炼均匀。

第 4 步:加入固体软化剂,将 SA、防护蜡加入,并混炼均匀。

第 5 步:加入活化剂、防老剂、均匀剂等小料,将 ZnO、防老剂、抗热氧剂 RF、均匀剂 MS 加入,并混炼均匀。

第 6 步:加入其余填充补强剂,按照混炼方法的二段质量份将中超炭黑 N220 加入,并混炼均匀。

第 7 步:加入硫化剂和促进剂,将 S、促进剂 TBSI 加入,并混炼均匀,下片存放 6～48 h,得到终炼胶。

7.2.4.2　农业轮胎用 SBR/TRR 共混胶硫化方法

在硫化过程中,物理机械性能的变化虽然有不同的趋向,但大部分性能变化基本一致。随硫化时间的增加,除了拉断伸长率和永久变形下降外,其余指标均是提高的。因为硫化的生胶是线型结构,其分子链具有运动的独立性,显示出可塑性大、伸长率高,并具有可溶性的特点。本研究设置的硫化方法见表7-3。

表 7-3　硫化方法

工艺	工艺 1	工艺 2	工艺 3	工艺 4	工艺 5	工艺 6	工艺 7	工艺 8
硫化温度/℃	135	140	145	150	155	160	165	170
硫化压力/MPa	15.0							
硫化时间/s	t_{90}对应时间							

7.3　结果与讨论

7.3.1　共混制备方法结果与讨论

7.3.1.1　未硫化胶塑性测试

8 种共混方法制备的未硫化胶的门尼黏度测试数据见表7-4。

表 7-4　8 种共混方法制备的未硫化胶的门尼黏度值

共混方法	1#	2#	3#	4#	5#	6#	7#	8#
最大门尼黏度	86.5	83.0	84.5	85.6	83.0	84.5	83.7	85.0
平均门尼黏度	51.9	51.4	51.6	51.9	51.4	52.0	51.5	52.4

通过表 7-4 分析得出改变共混方法对胶料门尼黏度和胶料的流动性影响较小,因为改变共混方法对胶料的相对分子质量大小的改变影响较小。

7.3.1.2　胶料硫化特性测试

将 8 种共混方法制备的胶料在 150 ℃ 条件下测试 35 min,硫化特性值见表7-5。

通过表 7-5 分析得出改变共混方法对胶料的焦烧时间、正硫化时间及硫化历程影响不大,因为改变共混方法对胶料在硫化过程中产生的热积累、胶料网络结构及交联键的重排、裂解等影响较小。

表 7-5　8 种共混方法制备的胶料的硫化特性值

共混方法	1#	2#	3#	4#	5#	6#	7#	8#
ML/(dN·m)	1.10	1.08	1.15	1.22	1.20	1.15	1.11	1.13
MH/(dN·m)	8.20	8.05	8.15	8.21	8.17	8.17	8.17	8.18
t_{100}/s	1926	1970	1935	1960	1950	1948	1940	1961
t_{90}/s	920	943	946	920	901	924	930	928
t_{10}/s	190	182	192	186	197	201	189	200

7.3.1.3　物理机械性能测试

本实验对 8 种共混方法制备的胶料进行了硬度、密度、冲击弹性、拉伸性能、撕裂性能,以及热氧化老化后硬度、拉伸性能等进行了测试,测试结果见表 7-6。

表 7-6　8 种共混方法制备的胶料的性能测试

共混方法		1#	2#	3#	4#	5#	6#	7#	8#
胶料密度/(g/cm³)		1.132	1.129	1.131	1.129	1.134	1.128	1.130	1.128
冲击弹性/%		40	42	40	41	40	41	42	40
硬度（邵 A）	老化前	70	70	71	70	69	70	70	69
	老化后	73	72	73	72	72	73	73	72
	硬度变化	3	2	2	2	3	3	3	3
拉伸强度/MPa	老化前	10.90	13.33	14.24	12.45	13.90	12.85	15.91	15.33
	老化后	10.42	11.67	11.37	11.94	13.74	12.41	15.59	14.94
	老化系数	−0.04	−0.12	−0.20	−0.05	−0.01	−0.03	−0.02	−0.03
伸长率/%	老化前	535	709	615	728	750	821	809	780
	老化后	354	390	390	400	482	480	541	455
	老化系数	−0.34	−0.45	−0.37	−0.45	−10.36	−0.42	−0.33	−0.42
100%定伸应力/MPa	老化前	2.25	2.18	2.36	1.89	1.73	1.94	1.84	2.00
	老化后	3.60	3.80	3.46	3.55	3.00	3.15	3.16	3.24
	老化系数	0.60	0.74	0.47	0.88	0.73	0.62	0.72	0.62

表 7-6(续)

共混方法		1#	2#	3#	4#	5#	6#	7#	8#
300%定伸应力/MPa	老化前	5.49	5.20	6.29	4.62	4.59	5.00	4.80	5.49
	老化后	8.89	9.29	9.30	10.00	8.88	8.52	8.54	9.08
	老化系数	0.62	0.79	0.48	1.16	0.93	0.70	0.78	0.65
撕裂强度/(N/mm)		66.41	65.92	67.01	65.68	77.32	76.84	77.72	76.44

通过对表 7-6 进行分析,可得如下结论:

① 基本性能分析:8 种共混方法对胶料的硬度、密度、冲击弹性影响不大,胶料均能满足农业轮胎胎面胶性能要求。

② 拉伸性能分析:8 种共混方法制备的胶料拉伸强度呈逐渐上升趋势,1# 的拉伸强度最低,7# 和 8# 的拉伸强度较高。8 种共混方法制备的胶料伸长率逐渐提高,定伸应力、扯断永久变形变化不大。

③ 撕裂性能分析:8 种共混方法制备的胶料撕裂强度中 1#、2#、4# 的撕裂强度较低,7# 的撕裂强度最高,其次是 6#,说明改变共混方法对 SBR/TRR 共混胶撕裂性能的影响较大。

④ 老化性能分析:老化后 8 种共混方法制备的胶料硬度均增加;拉伸强度、伸长率均有所下降;100%定伸应力、300%定伸应力有所提高。

7.3.1.4　臭氧老化性能测试

在一定的臭氧老化条件[臭氧浓度$(200\pm5)\times10^{-8}$;实验温度 40 ℃$\pm$2 ℃;相对湿度60%;试样伸长率20%$\pm$2%;臭氧流速 500 mL/min;老化时间7.0 h]下,对 8 种共混方法制备的胶料进行臭氧老化试验,臭氧老化裂口情况见表 7-7 和图 7-1。

表 7-7　8 种共混方法制备的胶料臭氧老化裂口情况

共混方法	1#	2#	3#	4#	5#	6#	7#	8#
2.5 h 裂口情况	56 个针状裂口	23 个针状裂口	25 个针状裂口	17 个针状裂口	无	无	无	无
7.0 h 裂口情况	双面大面积裂口	双面大面积裂口	双面大面积裂口	侧部大面积裂口,反正面部分裂口	侧部有部分裂口,两面裂口较少	侧部大面积裂口,两面部分裂口	侧部有部分裂口,两面无裂口	侧部有部分裂口,两面无裂口

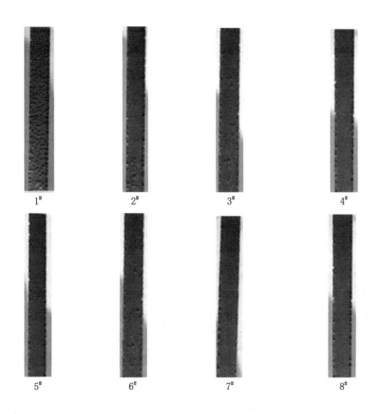

图 7-1   不同共混方法制胶料臭氧老化裂口情况

通过表 7-7 和图 7-1 可知:1#试样裂口最多,2#和 3#试样裂化也比较严重,8#、5#、7#裂口最少,说明共混方法对胶料的耐臭氧老化性能影响较大。随着炭黑添加到 SBR/TRR 共混胶母胶用量的增加,共混胶耐臭氧老化性能越好。

7.3.1.5   压缩疲劳方法性能测试

对 8 种共混方法制备的胶料通过 RH-2000N 压缩生热试验机,测定试样在一定时间内的压缩疲劳升温来判断胶料的疲劳温升情况。

通过表 7-8 可以看出 3#生热温度较低,5#生热温度较高,合理的炭黑份量与 SBR/TRR 共混胶先炼制成母胶后再进行混炼能够有效减少压缩生热温度。

表 7-8　8 种共混方法制备的胶料压缩疲劳性能

共混方法	1#	2#	3#	4#	5#	6#	7#	8#
最终生热温度/℃	43.2	46.3	39.6	42.4	51.6	42.3	46.9	43.7

7.3.1.6　炭黑分散性能测试

炭黑分散情况见表 7-9 和图 7-2。

表 7-9　8 种共混方法制备的胶料炭黑分散情况

共混方法	1#	2#	3#	4#	5#	6#	7#	8#
粒子分布率/%	86.41	85.39	85.66	85.44	85.41	85.68	86.68	86.09
等级	5	2	4	3	2	4	7	5

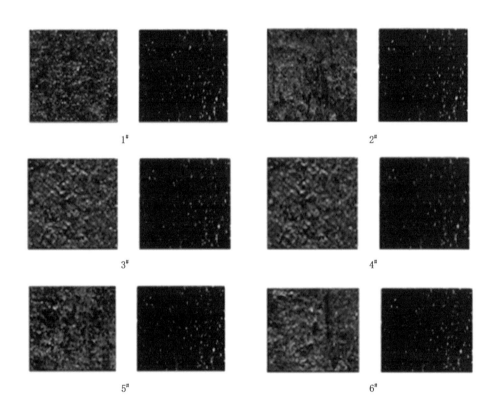

图 7-2　8 种共混方法制备的胶料炭黑分散情况

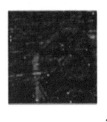

7#   8#

图 7-2 （续）

通过表 7-9 和图 7-2 可以看出各配方的粒子分布率相差不大，7#炭黑分散性最好，1#、3#次之。

7.3.1.7 磨耗性能测试

本次实验通过阿克隆磨耗实验测定胶轮在一定负荷（26.7 N）、一定角度（15°）、一定行程（1.61 km）下的磨耗体积来判断胶料的磨耗情况，通过表 7-10 可以看出 8 种共混方法制备的胶料磨耗量在 0.27 cm³ 和 0.35 cm³ 之间，其中 7#胶料磨耗量最小，1#胶料磨耗量最大，说明 7#共混方法制备的胶料耐磨性最好，1#共混方法制备的胶料耐磨性最差。

表 7-10　8 种共混方法胶料磨耗性能

共混方法	1#	2#	3#	4#	5#	6#	7#	8#
阿克隆磨量/cm³	0.35	0.31	0.30	0.33	0.30	0.30	0.27	0.29

7.3.2　硫化制备方法结果与讨论

7.3.2.1　门尼黏度的测试

门尼黏度计法能测定生胶门尼黏度，表明胶料流变特性，而且能测定胶料的弹性恢复等效能，它是最早用于测定胶料硫化曲线的工具。8 种硫化方法制得的胶料的门尼黏度值均一致，见表 7-11。

表 7-11　8 种硫化方法胶料门尼黏度值

硫化方法	平均门尼黏度	最大门尼黏度
	109.9	68.4

由表 7-11 可以看出:实验胶料门尼黏度较低,所以相对分子质量较低,黏度大、塑性高,并具有一定的弹性。

7.3.2.2 硫化特性的测试

8 种硫化方法制备的胶料的硫化特性见表 7-12。

表 7-12　8 种硫化方法制备的胶料的硫化特性值

硫化方法	温度/℃	MH/(dN·m)	ML/(dN·m)	t_{10}/s	t_{90}/s	t_{100}/s
1#	135	55.79	7.42	70	1 846	3 600
2#	140	51.17	8.34	289	1 463	3 035
3#	145	49.74	8.19	223	1 875	2 558
4#	150	49.41	8.72	162	759	2 008
5#	155	48.10	8.15	116	534	1 188
6#	160	48.64	8.31	86	349	757
7#	165	46.02	7.85	77	261	528
8#	170	42.83	8.02	53	202	403

根据表 7-12 与图 7-3 分析可知:硫化是一种交联化学反应过程,温度对反应速度是一个极其重要的因素。随着温度的增加,t_{90} 减小,胶料的硫化速度也随之增加,硫化时间随着温度的逐渐提高而逐渐缩短。

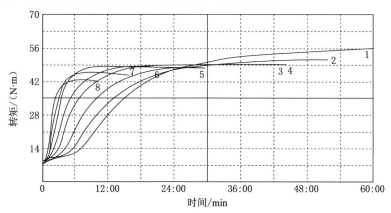

图 7-3　8 种硫化方法制备的胶料硫化曲线

7.3.2.3 力学性能及热氧老化的测试

（1）实验试样

拉伸实验所使用的拉伸速度:500 mm/min;标距:25 mm;试样宽度:6 mm。

(2)老化实验条件

在 100 ℃的条件下进行 72 h 的热氧老化实验。

(3)实验结果

胶料的拉伸性能包括拉伸强度、扯断伸长率、100％定伸应力、300％定伸应力的测试。

拉伸强度:试样拉伸至扯断时的最大拉伸应力。

扯断伸长率:试样在扯断时的伸长率。

定伸应力:试样的工作部分拉伸至给定伸长率时的拉伸应力[3]。

拉伸性能实验结果包括老化前、老化后的拉伸强度、伸长率、定伸应力和老化系数,见表 7-13。

表 7-13 8 种硫化方法制备的胶料的拉伸性能

	项目	1#	2#	3#	4#	5#	6#	7#	8#
老化前	拉伸强度/MPa	14.96	14.90	16.20	15.31	14.23	15.84	15.43	14.17
	伸长率/％	443	471	498	479	517	542	572	580
	100％定伸应力/MPa	3.36	3.30	2.91	3.18	2.96	2.76	2.30	2.67
	300％定伸应力/MPa	9.69	9.26	8.46	8.88	8.31	8.06	6.82	7.6
老化后	拉伸强度/MPa	12.50	12.63	12.73	12.64	12.42	12.65	12.28	12.38
	伸长率/％	259	273	273	274	266	272	215	244
	100％定伸应力/MPa	5.51	5.63	5.51	5.47	5.53	5.51	5.53	5.82
	300％定伸应力/MPa	—	—	—	—	—	—	—	—
老化系数	拉伸强度老化系数/％	−14.44	−15.23	−21.42	−17.43	−18.45	−20.14	−20.41	−23.44
	伸长率老化系数/％	−41.53	−42.03	−45.18	−42.80	−48.54	−49.82	−62.41	−57.93
	100％定伸应力老化系数/％	63.99	70.60	89.35	72.01	86.82	99.64	140.4	118

从表 7-13 和图 7-4 中可以看出：老化前 3# 硫化方法制得的胶料拉伸性能较高，老化后 3# 的还是相比较高，但老化后整体拉伸强度弱于老化前。老化前伸长率整体呈上升趋势，老化后 2#、3#、4# 硫化方法制得的胶料的伸长率较高。老化前 100％定伸应力呈下降趋势，老化后整体相差不大。老化后拉伸强度、伸

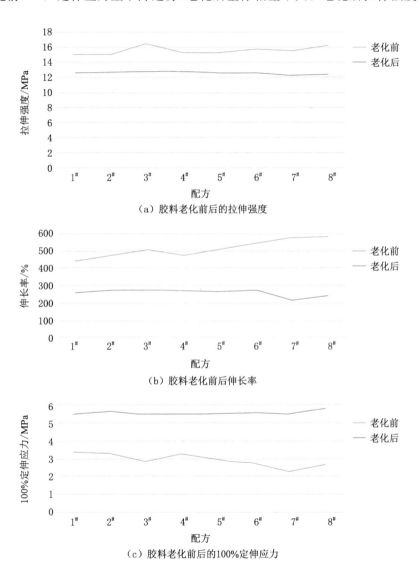

（a）胶料老化前后的拉伸强度

（b）胶料老化前后伸长率

（c）胶料老化前后的100%定伸应力

图 7-4　8 种硫化方法制备的胶料老化前后性能对比

长率均有所下降,老化后的硬度和定伸应力有所上升。1# 硫化方法制得胶料的拉伸强度和扯断伸长率老化系数绝对值都比较小,表明硫化温度低,硫化时间长,体系的防老化性能更好。

7.3.2.4 基本性能、撕裂性能与阿克隆磨耗测试

通过表 7-14 可以看出 4#、7#、8# 硫化方法制得的胶料耐撕裂性能最好,其余均相差不大。

表 7-14　8 种硫化方法制备的胶料的撕裂性能

硫化方法	撕裂强度/(N/mm)	硫化工艺	撕裂强度/(N/mm)
1#	48.36	5#	57.32
2#	46.82	6#	47.01
3#	56.78	7#	74.54
4#	76.88	8#	77.71

从表 7-15 可以看出各种工艺制备的胶料密度相差不大;冲击弹性相差不大,最大值为 35,最小值为 33;阿克隆磨耗数值在 0.05～0.10 cm³ 之间,3#、4# 硫化方法制得的胶料磨耗量较大,耐磨耗性能较差。5#、6# 硫化方法制得的胶料磨耗量最小,耐磨耗性能最好。

表 7-15　8 种硫化方法制备的胶料基本性能和磨耗性能

硫化方法	硬度(邵 A)	胶料密度/(g/cm³)	冲击弹性/%	阿克隆磨耗/cm³
1#	74	1.153	34	0.05
2#	74	1.153	35	0.05
3#	73	1.153	33	0.08
4#	72	1.153	33	0.10
5#	74	1.153	33	0.01
6#	74	1.153	33	0.01
7#	72	1.153	33	0.05
8#	72	1.140	33	0.07

7.3.2.5 疲劳性能测试

本次实验通过屈挠龟裂实验测定胶料达到 5 万次屈挠次数时裂口的程度

来判断工程轮胎胎侧胶耐疲劳性能的好坏,通过图 7-5 和表 7-16 可以看出 8 种体系屈挠龟裂级别情况。

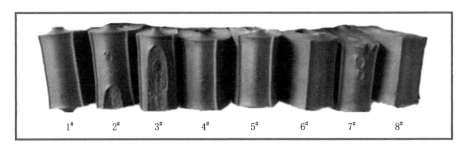

图 7-5　8 种硫化方法制备的胶料屈挠龟裂图

表 7-16　8 种硫化方法制备的胶料的耐屈挠龟裂性能

硫化方法	现象	试样等级
1#	1 个针刺点	1 级
2#	有局部裂痕	4 级
3#	有明显裂痕	6 级
4#	无	1 级
5#	无	1 级
6#	无	1 级
7#	有多个龟裂点	3 级
8#	无	1 级

通过对表 7-16 进行分析可知:4#、5#、6#、8# 硫化方法制得的胶料耐疲劳性能最好,表面无任何损坏。1# 硫化方法制得的胶料有针刺点,2# 硫化方法制得的胶料有局部裂痕。3# 硫化方法制得的胶料最差,明显不能满足要求。

7.4　小　结

7.4.1　混炼制备方法小结

(1)通过实验测试得知改变共混方法对塑性、硫化特性影响不大。

(2)8 组共混方法制备的胶料基本性能相差不大,说明改变共混方法对基本性能硬度、密度、冲击弹性影响不大；力学性能中 1# 共混方法制得的胶料的拉伸强度最低，7# 共混方法制得的胶料和 8# 共混方法制得的胶料拉伸强度最高，2# 共混方法制得的胶料耐撕裂性能较差，说明改变共混方法对力学性能影响较大。

（3）7# 共混方法先将 50 份的炭黑与 SBR/TRR 共混制成母胶，再与 NR、BR 混炼，然后添加 10 份炭黑及其他配合剂，最后加入硫黄和促进剂 NOBS，该方法制得的胶料耐臭氧性能较好。

（4）合理的炭黑份量与 SBR/TRR 先炼制成母胶后再进行混炼能减少胶料的压缩生热。

（5）通过炭黑分散性能测试得知粒子分布率以及等级对胶料性能影响较大，7# 共混方法制得的胶料粒子分布率最大，等级最高，综合性能最好。

（6）4# 共混方法制得的胶料耐磨耗性能稍差，7# 和 8# 稍好，但都能满足要求。

（7）合理的炭黑份量与 SBR/TRR 先炼制成母胶后再进行混炼能够提高胶料耐撕裂强度。

通过实验可以看出 7# 共混方法即先将 50 份的炭黑（将 N330 和 N660 混合均匀）与 SBR/TRR 共混制成母胶，再与 NR、BR 混炼，然后添加 10 份炭黑（N330 和 N660 混合均匀）及其他配合剂，最后加入硫黄和促进剂 TBSI 制得的胶料的综合性能最好。

7.4.2 硫化制备方法小结

（1）硫化性能：硫化温度越高，硫化时间越短。

（2）力学性能：4#、6#、7# 硫化方法制得的胶料拉伸性能好于其他硫化方法；其伸长率随着温度的上升整体呈上升趋势。

（3）老化性能：老化前伸长率整体呈上升趋势，老化后 2#、3#、4# 硫化方法制得的胶料伸长率较高；老化前 100% 定伸应力呈下降趋势，老化后整体相差不大。老化后拉伸强度、伸长率均有所下降，老化后的硬度和定伸应力有所上升；1# 硫化方法制得的胶料拉伸强度和扯断伸长率老化系数都比较小，表明硫化温度低，硫化时间长，体系的防老化性能更好。

（4）阿克隆磨耗：阿克隆磨耗数值均在 $0.05 \sim 0.10 \ cm^3$ 之间，3#、4# 硫化方法制得的胶料磨耗量相对较大，所以耐磨耗性能较差。5#、6# 硫化方法制得的胶料磨耗最少，表明耐磨耗性能最好。

（5）疲劳性能：$4^{\#}$、$5^{\#}$、$6^{\#}$、$7^{\#}$ 硫化方法制得的胶料耐疲劳性能最好，表面无任何损坏。$1^{\#}$ 硫化方法制得的胶料有针刺点，$2^{\#}$ 硫化方法制得的胶料有局部裂痕。$3^{\#}$、$8^{\#}$ 硫化方法制得的胶料最差，裂痕明显，不能满足使用要求。

（6）撕裂性能：$4^{\#}$、$7^{\#}$、$8^{\#}$ 硫化方法制得的胶料耐撕裂性能最好，其余均相差不大。

从以上分析看出 $4^{\#}$ 硫化方法（即硫化温度 150 ℃，硫化时间 t_{90} 对应时间，硫化压力 15.0 MPa）制得的胶料对农业轮胎用 SBR/TRR 共混胶来说综合性能较好。

8 SBR/TRR 共混胶在农业轮胎中的应用

8.1 引　言

农业轮胎胎面胶分为胎冠胶和胎侧胶,胎冠胶位于轮胎冠部,主要接触地面,要求耐磨性、耐撕裂性要高;胎侧胶位于轮胎侧部,要求耐撕裂性和耐屈挠性要高[164-167]。下面将 SBR/TRR 共混胶生胶体系、填充补强体系、老化防护体系、硫化体系、软化增塑体系研究的结果应用到农业轮胎胎冠胶和胎侧胶中去,以得到成本较低、性能较优的农业轮胎胎面胶[168,169]。

8.2 实　验

8.2.1 主要原材料

SBR1502,中国石油天然气股份有限公司;轮胎再生橡胶 TRR,衡水市金都橡胶化工有限公司;20# 标准胶,新远大橡胶(泰国)有限公司;顺丁胶 9000,苏州宝禧化工有限公司;沉淀法白炭黑,山东海化股份有限公司;硬脂酸、防护蜡,中国石化集团公司南京化学工业有限公司;ZnO、防老剂 4020、防老剂 1040NA、均匀分散剂 MS,上海智孚化工科技有限公司;防老剂 RD、芳烃油,兰州化学工业公司;各类促进剂,上海成锦化工有限公司;高耐磨炭黑 N330、通用炭黑 N660,四川实达化工有限责任公司;中超炭黑 N220,河北大光明实业集团巨无霸炭黑有限公司;硫黄,浙江黄岩浙东橡胶助剂有限公司;抗热氧剂 RF,安徽固邦化工有限公司。

8.2.2 主要仪器和设备

切胶机 660-I 型、开炼机 X(S)K-160、平板硫化机 QLB-500/Q,无锡市第一橡塑机械有限公司;无转子门尼黏度仪 NW-97、无转子硫化仪 GT-M2000-A、高低温拉力试验机 GT-AI-7000-GD、阿克隆磨耗试验机 GT7012-A、臭氧老化试验机 OZ-050、屈挠龟裂试验机 YS-25,高铁检测仪器(东莞)有限公司;硬度计邵LX-A、冲击弹性仪 WTB-0.5,江都市新真威试验机械有限责任公司。

8.2.3 分析与测试

未硫化橡胶门尼黏度测试,GB/T 1232—2016;橡胶硫化特性测试,GB/T 16584—1996;硫化橡胶硬度测试,GB/T 531—2009;硫化橡胶拉伸性能测试,GB/T 528—2009;硫化橡胶撕裂强度的测试,GB/T 529—2008;硫化橡胶屈挠龟裂性能测试,GB/T 13934—2006;硫化橡胶磨耗性能测试,GB/T 1689—2014;硫化橡胶耐臭氧老化试验静态拉伸试验测试,GB/T 7762—2014。

8.2.4 基础配方

8.2.4.1 农业轮胎胎冠胶基础配方

农业轮胎胎冠胶根据 SBR、TRR、NR、BR 共混份数的不同,设计了 7 组配方,胎冠胶实验基础配方见表 8-1。

表 8-1 农业轮胎胎冠胶基础配方 单位:质量份

原材料名称	1#	2#	3#	4#	5#	6#	7#
SBR1502	50	40	30	20	10	0	50
轮胎再生橡胶	30	40	50	60	70	80	0
NR(1#)	30	30	30	30	30	30	30
BR9000	20	20	20	20	20	20	20
氧化锌	4.0	4.0	4.0	4.0	4.0	4.0	4.0
硬脂酸	3.0	3.0	3.0	3.0	3.0	3.0	3.0
防老剂 4010NA	1.5	1.5	1.5	1.5	1.5	1.5	1.5
防老剂 4020	1.5	1.5	1.5	1.5	1.5	1.5	1.5
防老剂 RD	1.5	1.5	1.5	1.5	1.5	1.5	1.5

表 8-1（续）

原材料名称	1#	2#	3#	4#	5#	6#	7#
TK301	15	15	15	15	15	15	15
高耐磨炭黑 N330	25	25	25	25	25	25	25
通用炭黑 N660	35	35	35	35	35	35	35
NR（标 1#）	30	30	30	30	30	30	30
BR9000	20	20	20	20	20	20	20
微晶蜡	1.5	1.5	1.5	1.5	1.5	1.5	1.5
芳烃油	11	11	11	11	11	11	11
软化增塑剂 2-乙酰基芘	1.0	1.0	1.0	1.0	1.0	1.0	1.0
均匀分散剂	1.5	1.5	1.5	1.5	1.5	1.5	1.5
硫黄	1.0	1.0	1.0	1.0	1.0	1.0	1.0
N-叔丁基-双（2-苯并噻唑）次磺酰胺	1.5	1.5	1.5	1.5	1.5	1.5	1.5
防焦剂 CTP	0.1	0.1	0.1	0.1	0.1	0.1	0.1

8.2.4.2　农业轮胎胎侧胶基础配方

　　农业轮胎胎侧胶根据 SBR、TRR、NR、BR 共混份数的不同，设计了 5 组配方，胎侧胶实验基础配方见表 8-2。

表 8-2　农业轮胎胎侧胶基础配方　　　　　　单位：质量份

原材料名称	1#	2#	3#	4#	5#
SBR1502	30	20	10	0	20
轮胎再生橡胶	30	40	50	60	0
NR（20#）	20	20	20	20	20
BR9000	20	20	20	20	20
氧化锌	4.0	4.0	4.0	4.0	4.0
硬脂酸	3.0	3.0	3.0	3.0	3.0
防老剂 4010NA	1.5	1.5	1.5	1.5	1.5
防老剂 4020	1.5	1.5	1.5	1.5	1.5
防老剂 RD	1.5	1.5	1.5	1.5	1.5
TK301	15	15	15	15	15
高耐磨炭黑 N330	25	25	25	25	25

表 8-2(续)

原材料名称	1#	2#	3#	4#	5#
通用炭黑 N660	35	35	35	35	35
NR(标 1#)	30	30	30	30	30
BR9000	20	20	20	20	20
微晶蜡	1.5	1.5	1.5	1.5	1.5
芳烃油	11	11	11	11	11
软化增塑剂 2-乙酰基芑	1.0	1.0	1.0	1.0	1.0
均匀分散剂	1.5	1.5	1.5	1.5	1.5
硫黄	1.0	1.0	1.0	1.0	1.0
N-叔丁基-双(2-苯并噻唑)次磺酰胺	1.5	1.5	1.5	1.5	1.5
防焦剂 CTP	0.1	0.1	0.1	0.1	0.1

8.2.5 制备方法

胶料制备均采用二段混炼法：第一段，利用开炼机，将 20 份的炭黑与 SBR1502/TRR 共混制成母炼胶，下片，冷却，停放；第二段，先将母炼胶与 NR、BR9000 混炼，然后添加 40 份炭黑及其他配合剂，最后加入硫黄和促进剂，混炼均匀后，即得高填充轮胎再生橡胶的农业轮胎胎冠胶或胎侧胶；再利用硫化机进行硫化，并进行相关性能测试。

8.3 结果与讨论

8.3.1 农业轮胎胎冠胶性能

8.3.1.1 农业轮胎胎冠胶硫化特性测试

对 7 组配方农业轮胎胎冠胶的硫化特性进行测试，测试数据见表 8-3。

表 8-3 农业轮胎胎冠胶的硫化特性

配方	t_{90}/s	t_{100}/s
1#	769	1 800
2#	952	1 958

表 8-3(续)

配方	t_{90}/s	t_{100}/s
3#	899	1 986
4#	828	1 929
5#	745	1 903
6#	561	2 157
7#	981	1 342

8.3.1.2 轮胎胎冠胶的物理机械性能测试

对 7 组轮胎胎冠胶进行拉伸性能测试、撕裂强度测试和阿克隆磨耗性能测试,测试结果见表 8-4。

表 8-4 农业轮胎胎冠胶的物理机械性能

项目	1#	2#	3#	4#	5#	6#	7#
硬度	75.20	75.30	82.0	78.2	80.4	78.8	80.1
拉伸强度/MPa	17.50	18.21	18.35	19.26	18.37	18.20	17.42
100%定伸应力/MPa	3.06	3.59	4.03	4.57	4.38	4.15	2.40
300%定伸应力/MPa	9.09	9.23	9.86	11.22	9.29	9.20	9.11
撕裂强度/(N/mm)	69.38	77.40	78.63	83.52	76.88	78.62	67.78
阿克隆磨耗/cm³	0.16	0.16	0.15	0.14	0.15	0.17	0.22

8.3.1.3 农业轮胎胎冠胶的臭氧老化性能测试

将 7 组农业轮胎胎冠胶在臭氧浓度$(200\pm5)\times10^{-8}$,试验温度 40 ℃ ± 2 ℃,相对湿度 60%,试样伸长率 20±2%,臭氧流速 500 mL/min,老化时间 12 h 等条件下进行臭氧老化实验,实验结果见表 8-5。

表 8-5 农业轮胎胎冠胶的臭氧老化性能

	老化时间/h	裂口现象
1#	4.25	最早出现裂口
	12	双面裂口,32 个 1.0~2.0 mm 裂口
2#	6.4	最早出现裂口
	12	边部裂口,23 个 1~1.5 mm 裂口

表 8-5(续)

	老化时间/h	裂口现象
3#	8.2	最早出现裂口
	12	单边轻微裂口,5 个
4#	12	无裂口
5#	12	无裂口
6#	5.0	最早出现裂口
	12	边部裂口,10 个 1.0~2.0 mm 裂口
7#	2.5	最早出现裂口
	12	双面严重裂口,54 个裂口,多数大于 2.0 mm

从表 8-3 中的硫化时间 t_{90} 和正硫化时间 t_{100},可知使用轮胎再生橡胶的胶料硫化时间缩短 30%~50%,提高了生产效率。

从表 8-4 中的力学性能数据不难发现,添加轮胎再生橡胶的农业轮胎胎冠胶的拉伸强度、100%定伸应力、300%定伸应力和撕裂强度比不添加轮胎再生橡胶的轮胎胎冠胶的相应性能均高 5%~50%;且随着添加再生橡胶份数的增多,拉伸强度、100%定伸应力和 300%定伸应力、撕裂强度均呈上升趋势,在轮胎再生橡胶份数达 60 份时出现最大值,随着添加再生橡胶份数的继续增多,拉伸强度、100%定伸应力和 300%定伸应力、撕裂强度又呈下降趋势。添加轮胎再生橡胶后农业轮胎胎冠胶磨耗性能比不添加轮胎再生橡胶磨耗性能稍好。

从表 8-5 中的臭氧老化数据可知,添加轮胎再生橡胶的农业轮胎胎冠胶的耐臭氧老化性能比不添加的要好,耐臭氧老化性能提高 2~4.8 倍以上。

8.3.2 农业轮胎胎侧胶性能

8.3.2.1 农业轮胎胎侧胶的硫化特性测试

对 5 组农业轮胎胎侧胶的硫化特性进行了测试,测试数据见表 8-6。

表 8-6 农业轮胎胎侧胶的硫化特性

配方	t_{90}/s	t_{100}/s
1#	769	1 623
2#	699	1 458
3#	662	1 281

表 8-6(续)

配方	t_{90}/s	t_{100}/s
4#	614	1 043
5#	1 273	2 578

从表 8-6 可知,随着轮胎再生橡胶用量的增加,农业轮胎胎侧胶硫化时间逐渐减少,与未添加轮胎再生橡胶的农业轮胎胎侧胶相比较,轮胎硫化时间缩短40%～52%。

8.3.2.2　农业轮胎胎侧胶的物理机械性能测试

对 5 组农业轮胎胎侧胶进行拉伸性能测试、撕裂强度测试,测试结果见表 8-7。

表 8-7　农业轮胎胎侧胶的物理机械性能

项目	1#	2#	3#	4#	5#
硬度(邵 A)	63	67	71	72	55
拉伸强度/MPa	13.83	13.43	13.50	13.67	13.40
伸长率/%	586	534	506	420	726
100%定伸应力/MPa	1.88	2.39	2.55	3.23	1.55
300%定伸应力/MPa	5.80	7.30	7.35	8.92	4.61
撕裂强度/(N/mm)	68.75	67.43	63.01	60.79	36.32

从表 8-7 可知,随着轮胎再生橡胶用量的增加,农业轮胎胎侧胶拉伸强度变化不大,但伸长率逐渐减小,100%定伸应力和300%定伸应力、撕裂强度均逐渐增加,与未添加轮胎再生橡胶的农业轮胎胎侧胶相比较,轮胎物理机械性能提高 20%～89%。

8.3.2.3　农业轮胎胎侧胶的屈挠龟裂性能测试

对 5 组农业轮胎胎侧胶进行了屈挠龟裂实验,实验结果见表 8-8。

从表 8-8 可知,添加轮胎再生橡胶30～60份的农业轮胎胎侧胶通过 9 万次屈挠次数时无裂口,试样完好,不添加轮胎再生橡胶农业轮胎胎侧胶有一定的裂口,屈挠龟裂等级为 2 级。添加轮胎再生橡胶农业轮胎胎侧胶比不添加轮胎再生橡胶屈挠龟裂性能提高 40%～70%。

表 8-8　农业轮胎胎侧胶的屈挠龟裂性能

配方	9 万次		15 万次	
	现象	试样等级	现象	试样等级
1#	无	完好	针刺点 3～8 个,其中 2 个裂纹深度很浅,长度小于 0.5 mm	1 级
2#	无	完好	针刺点,5～8 个	1 级
3#	无	完好	针刺点,2～8 个	1 级
4#	无	完好	针刺点,3～6 个	1 级
5#	针刺点 4～8 个,其中 1 个裂纹深度很浅,长度小于 0.5 mm	2 级	裂口较多,最大龟裂处的长度大于 1.5 mm,小于 3.0 mm	5 级

8.4　小　结

将 SBR/TRR 共混胶在农业轮胎胎面胶(包括胎冠胶和胎侧胶)中进行应用,取得了非常突出的优异效果。

① SBR1502 双键活性低,硫化速度慢,添加 TRR 进行共混,可加快胶料硫化速度,且硫化返原倾向小;另外加入 TRR,混炼加工过程生热减少,避免胶料焦烧,使混炼胶质量均匀,并可节省工时,降低动力消耗;也可减少胶料压延时的收缩性和压出时的膨胀性,半成品外观缺陷减少;同时增加胶料的自黏性,提高胶料与胶料间、胶料与帘布间的附着力,改善 SBR1502 加工性能[170-173]。

② 使用 SBR/TRR 混合体系,不仅可改善轮胎性能,而且更大程度上做到了资源循环利用,降低了污染,保护了环境。

③ 降低成本。目前市场上 SBR1502 价格较高,约为 10～18 元/kg,而 TRR 价格较低,约为 2.0～6.0 元/kg,SBR 的价格约为 TRR 价格的 3～9 倍,使用 TRR,可降低制品成本约 10%～30%。

最后将研究技术在徐州徐轮橡胶有限公司进行了推广应用,重点在联合收割机用农业轮胎 15-24 10PR 和拖拉机用农业轮胎 9.5-24 6PR 上进行了试制生产,也推广应用到了其他非公路轮胎如工程轮胎上,为企业创造经济效益 3 000～4 000 万元/年。该技术提高了轮胎性能,延长了使用寿命,做到了废轮胎循环利用,减少了黑色污染,对橡胶科技进步、环境保护和社会发展有巨大作用,社会效益显著。

　　试制生产的农业轮胎见图 8-1。

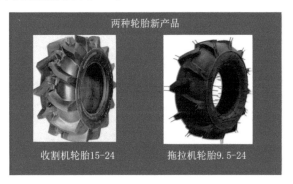

图 8-1　填充 SBR/TRR 共混胶的农业轮胎新产品

9 结论和创新点

9.1 结 论

本书重点进行了农业轮胎用 SBR/TRR 共混胶共混体系及机理分析、农业轮胎用 SBR/TRR 共混胶填充补强体系及机理分析、农业轮胎用 SBR/TRR 共混胶防护体系及作用机理分析、农业轮胎用 SBR/TRR 共混胶硫化体系及选择原因分析、农业轮胎用 SBR/TRR 共混胶软化增塑体系及作用原因分析、农业轮胎用 SBR/TRR 共混胶制备方法及性能的研究。

（1）通过对农业轮胎用 SBR/TRR 共混胶共混体系及机理的研究，发现 SBR/TRR 共混胶共混形态受 TRR 填充量影响较大，当 TRR 填充量在 10～60 份时，SBR 和 TRR 相容性较好，SBR/TRR 共混比为 40∶60 时，共混效果最好，通过 DSC 测定共混物玻璃化转变温度得到验证。最后通过共混胶共混相态和共混相容性机理进行了分析。

（2）通过对农业轮胎用 SBR/TRR 共混胶填充补强体系及机理的研究，合成了具有抗紫外线抗菌功能的新型填充材料 TiO_2/Ser（简称 TK301），并在 SBR/TRR 共混胶中进行应用，不仅可降低材料成本，而且可提高胶料的致密性、抗菌性、耐老化性能及力学性能等。本书分别从 TK301 紫外线防护作用机理、抗菌作用机理、补强作用机理、耐老化原因、胶料致密性提高原因、热稳定提高原因进行了解释和分析。另外还研究了 TK301 与炭黑并用做填充补强材料填充 SBR/TRR 共混胶的实验，经过分析选择将 15 份 TK301 与 25 份高耐磨炭黑 N330、35 份通用炭黑 N660 并用做 SBR/TRR 共混胶的填充补强体系效果最好，另外从炭黑补强橡胶机理角度分析了选择该填充补强体系的原因。

（3）通过农业轮胎用 SBR/TRR 共混胶防护体系及作用机理的研究，发现了农业轮胎用 SBR/TRR 共混胶的最佳老化防护体系,同时采用物理防护和化学防护,且物理防护采用 1.5 份微晶蜡,化学防护采用 1.5 份防老剂 4010NA、1.5 份防老剂 4020 和 1.5 份防老剂 RD 并用,总用量 4.5 份左右,胶料具有很好的热氧老化和臭氧老化防护效果。另外分别从热氧老化防护机理和臭氧老化防护机理角度分析了选择该防护体系的原因。

(4)通过对农业轮胎用 SBR/TRR 共混胶硫化体系及选择原因的研究,发现农业轮胎用 SBR/TRR 共混胶选用 N-叔丁基-双(2-苯并噻唑)次磺酰胺做促进剂的半有效硫化体系(SEV)最适宜,并通过硫化胶的网状交联结构和硫化键的变化进行了选择原因分析。

(5)通过对农业轮胎用 SBR/TRR 共混胶软化增塑体系及作用原因的研究,合成了新型橡胶助剂 2-乙酰基芘 $C_{18}H_{12}O$,并在农业轮胎用 SBR/TRR 共混胶中进行应用,该助剂不仅可做软化增塑剂,降低胶料的玻璃化转变温度,提高胶料流动性,改善橡胶加工性能,而且可做抗热氧剂,提高橡胶的耐热性能,减少橡胶老化现象,使用份数在 0.3~0.5 份之间,效果较好。最后从软化增塑作用机理角度进行了理论分析。

(6)通过对农业轮胎用 SBR/TRR 共混胶制备方法及性能的研究,找寻出了农业轮胎用 SBR/TRR 共混胶最佳的共混方法和硫化方法。最佳共混方法为:先将 50 份的炭黑(将 N330 和 N660 混合均匀)与 SBR/TRR 共混制成母胶,再与 NR、BR 混炼,然后添加 10 份炭黑(N330 和 N660 混合均匀)及其他配合剂,最后加入硫黄和促进剂 TBSI,该法的综合性能最好。最佳硫化方法为:硫化温度 150 ℃,硫化时间 t_{90} 对应时间,硫化压力 15.0 MPa,采用该硫化制备方法制得的胶料综合性能较优。

通过对农业轮胎用 SBR/TRR 共混胶制备、性能及机理的研究,最终确定了 SBR/TRR 共混胶的共混体系(即生胶体系)、填充补强体系、防护体系、硫化体系、软化增塑体系等相配合的农业轮胎配方和较佳的共混方法、硫化方法,发明了性能优、成本较低的填充 SBR/TRR 共混胶的农业轮胎胎冠胶和胎侧胶。最后将该研究成果推广应用,和徐州徐轮橡胶有限公司合作试制生产了 15-24 10PR 联合收割机轮胎和 9.5-24 6PR 拖拉机轮胎,既提高了性能,又节约了成本,更大程度上做到了资源循环利用,降低了污染,保护了环境,对橡胶科技发展、橡胶循环经济和社会发展均有较大的推动作用。

9.2 创 新 点

通过研究确定了农业轮胎用 SBR/TRR 共混胶最佳共混体系和最佳共混方法,研制了性能较优、符合农业轮胎使用性能的轮胎胎面胶,研究成果获江苏省科学技术奖三等奖,具体创新点如下:

创新点 1:制备了新型橡胶助剂 2-乙酰基芘 $C_{18}H_{12}O$,并在农业轮胎用 SBR/TRR 共混胶中进行应用,并从软化增塑机理角度进行了分析。该助剂不仅可做软化增塑剂,降低胶料的玻璃化转变温度,提高胶料流动性,改善橡胶加工性能,而且可做抗热氧剂,提高橡胶的耐热性能,减少橡胶老化现象。重点介绍了该新型助剂的合成;申请了发明专利《一种采用半有效硫化体系硫化的联合收割机用轮胎胎面胶》,重点介绍了该新材料的应用。

创新点 2:制备了具有抗紫外线抗菌功能的新型填充材料 TK301,并在农业轮胎用 SBR/TRR 共混胶中进行应用,并分别从 TK301 紫外线防护作用机理、抗菌作用机理、补强作用机理、耐老化作用机理、胶料致密性提高机理、热稳定提高机理角度进行了解释和分析。该材料不仅可降低材料成本,而且可提高胶料的致密性、抗菌性、耐老化性能及力学性能等。

创新点 3:研究试制出成本低、性能优的填充 SBR/TRR 共混胶的农业轮胎胎冠胶和胎侧胶。授权发明专利两件:《一种高填充轮胎再生胶的农业轮胎胎冠胶》《一种高填充轮胎再生胶的农业轮胎胎侧胶》。

参 考 文 献

[1] 王国志.橡胶制品设计与工艺项目化教程-轮胎篇[M].北京:化学工业出版社,2013:2-26.

[2] 宇博智业市场研究中心.2019—2024年中国农业和林业机械轮胎行业竞争格局及投资风险分析报告[R].北京:中国报告大厅,2019:1-51.

[3] 于永伟,陆林文.18.4-3812PR水田农业轮胎的设计[J].橡胶科技,2019,17(2):106-108.

[4] KUMAR S,NOORI MD T,PANDEY K P. Performance characteristics of mode of ballast on energy efficiency indices of agricultural tyre in different terrain condition in controlled soil Bin environment[J]. Energy,2019,182:48-56.

[5] 苏博,王宏.国内外农业子午胎的开发及发展前景[J].中国橡胶,2009,25(21):9-11.

[6] RUBINSTEIN D,SHMULEVICH I,FRENCKEL N. Use of explicit finite-element formulation to predict the rolling radius and slip of an agricultural tire during travel over loose soil[J]. Journal of Terramechanics,2018,80:1-9.

[7] 苏博.国外农业子午线轮胎的市场概况[J].橡胶科技市场,2010(15):22-26.

[8] 李祥,曾清,杨利伟,等.丁基再生胶在全钢子午线有内胎轮胎气密层胶中的应用[J].中国橡胶,2022,38(4):46-49.

[9] BARNED R,ABELL J,BENDER D. Methods for manufacturing a tread for agricultural tire using a dinitrile oxide cure system:US202117501780[P].2022-02-03.

[10] MAMKAGH A M. Effect of tillage speed,depth,ballast weight and tire inflation pressure on the fuel consumption of the agricultural tractor:a review[J]. Journal of Engineering Research and Reports,2018:1-7.

[11] XU Y H,LI P P,WANG Z X,et al. Preparation method of scribing rubber cement of a tire tread:US10808104B2[P]. 2020-10-20.

[12] 赵敏.农业轮胎向子午化发展[J].橡胶工业,2018,65(3):358.

[13] 吴秀兰.大陆扩大农业轮胎产品线[J].橡胶工业,2018,65(11):1236.

[14] 尹智,杨开泰.国外农业子午线轮胎的剖析[J].橡胶科技,2019,17(5):264-268.

[15] 桂飔芳.农业子午线轮胎市场概况和技术发展特点[J].中国橡胶,2014,30(3):17-18.

[16] YOON B,KIM J Y,HONG U,et al. Dynamic viscoelasticity of silica-filled styrene-butadiene rubber/polybutadiene rubber (SBR/BR) elastomer composites[J]. Composites Part B:Engineering,2020,187:107865.

[17] HUANG L H,YANG X X,GAO J H. Pseudo elastic analysis of carbon reinforced natural/styrene-butadiene blend rubber (NSBR) with Ogden constitutive model[J]. Materials Science Forum,2018,928:20-25.

[18] HASSANABADI M,NAJAFI M,MOTLAGH G H,et al. Synthesis and characterization of end-functionalized solution polymerized styrene-butadiene rubber and study the impact of silica dispersion improvement on the wear behavior of the composite[J]. Polymer Testing,2020,85:106431.

[19] 聂恒凯,侯亚合.橡胶材料与配方[M].3 版.北京:化学工业出版社,2015:16-18.

[20] 杨玉琼.溶聚丁苯橡胶的结构、性能、加工及应用研究[D].兰州:兰州理工大学,2019:5-25.

[21] 徐燕,李旸毅,韩艳,等.中苯乙烯溶聚丁苯橡胶的合成及性能研究[J].弹性体,2016,26(5):31-35.

[22] 付友健,许秋焕,闫福江.不同牌号胎面用溶聚丁苯橡胶的结构与性能比较[J].合成橡胶工业,2017,40(5):396-400.

[23] 王丽丽.溶聚丁苯橡胶结构与加工应用性能的关系[J].合成橡胶工业,2019,42(5):391-397.

[24] LIU S S,LI X P,QI P J,et al. Determination of three-dimensional solubil-

ity parameters of styrene butadiene rubber and the potential application in tire tread formula design[J]. Polymer Testing,2020,81:106170.

[25] EUCHLER E, BERNHARDT R, SCHNEIDE K,et al . In situ dilatometry and X-ray microtomography study on the formation and growth of cavities in unfilled styrene-butadiene-rubber vulcanizates subjected to constrained tensile deformation[J]. Polymer,2020,187：360-369.

[26] CAI F, YOU G H,LUO K Q,et al. Click chemistry modified graphene oxide/styrene-butadiene rubber composites and molecular simulation study[J]. Composites Science and Technology,2020,190:108061.

[27] YANG H L,CAI F,LUO Y L,et al. The interphase and thermal conductivity of graphene oxide/butadiene-styrene-vinyl pyridine rubber composites：a combined molecular simulation and experimental study[J]. Composites Science and Technology,2020,188：925-932.

[28] ZHU H,WANG Z Y,HUANG X D,et al. Enhanced comprehensive performance of SSBR/BR with self-assembly reduced graphene oxide/silica nanocomposites[J]. Composites Part B:Engineering,2019,175：107-115.

[29] LI S M,LUO Y F,CHEN Y J,et al. Enhanced mechanical and processing property of styrene-butadiene rubber composites with novel silica-supported reactive processing additive[J]. Fibers and Polymers,2019,20(8)：1696-1704.

[30] LI Y M,CHENG P F,ELFADIL A A. Effect of phenolic resin on the performance of the styrene-butadiene rubber modified asphalt[J]. Construction and Building Materials,2018,181:465-473.

[31] 朱信明,辛振祥,卢灿辉. 再生橡胶：原理・技术・应用[M]. 北京:化学工业出版社,2016:1-15.

[32] 孙岳红,雷国安,路丽珠,等. 废旧橡胶循环利用技术进展[J]. 橡胶科技,2020,18(2)：77-80.

[33] 王雪盼,卢娜,辛振祥. 再生胶的研究现状及发展前景[J]. 橡塑技术与装备,2018,44(13):23-26.

[34] GUMEDE J I, CARSON J, HLANGOTHI S P. Effect of single-walled carbon nanotubes on the cure and mechanical properties of reclaimed rubber/natural rubber blends[J]. Materials Today Communications,2020,

23：1952-1958.

[35] YANG X，YOU Z P，PERRAM D，et al. Emission analysis of recycled tire rubber modified asphalt in hot and warm mix conditions[J]. Journal of Hazardous Materials，2019，365：942-951.

[36] 万如. 再生胶在胎面胶中的应用[D]. 青岛：青岛科技大学，2018：1-10.

[37] BOCKSTAL L，BERCHEM T，SCHMETZ Q，et al. Devulcanisation and reclaiming of tires and rubber by physical and chemical processes：a review[J]. Journal of Cleaner Production，2019，236：180-186.

[38] TSENG H H，LIN Z Y，CHEN S H，et al. Reuse of reclaimed tire rubber for gas-separation membranes prepared by hot-pressing[J]. Journal of Cleaner Production，2019，237：2305-2310.

[39] BOCKSTAL L，BERCHEM T，SCHMETZ Q，et al. Devulcanisation and reclaiming of tires and rubber by physical and chemical processes：a review[J]. Journal of Cleaner Production，2019，236：678-682.

[40] 冯芳. 聚丙烯/聚乙烯/弹性体三元共混改性的研究[D]. 长春：长春工业大学，2014：78-89.

[41] 崔晓，董凌波，周鹏程，等. 耐裂口高气密性全钢子午线轮胎气密层胶配方的开发[J]. 特种橡胶制品，2022，42(11)：685-688.

[42] 全国橡胶与橡胶制品标准化技术委员会. 再生橡胶 通用规范：GB/T 13460—2016[S]. 北京：中国标准出版社，2016.

[43] SINGH S K. Experimental analysis of tensile & compressive properties of recycled tyre rubber composite [J]. Ain Shams Engineering Journal，2018，14：1276-1283.

[44] WANG Z F，KANG Y，WANG Z，et al. Recycling waste tire rubber by water jet pulverization：powder characteristics and reinforcing performance in natural rubber composites[J]. Journal of Polymer Engineering，2018，38(1)：51-62.

[45] 朱阿敏. 浅析影响再生橡胶性能指标测试的因素[J]. 橡塑技术与装备，2019，45(9)：49-51.

[46] 郭磊，杨洪于，汪传生. 废橡胶低温力化学再生技术的影响因素[J]. 合成橡胶工业，2017，40(3)：179-186.

[47] ANDREA R D，GIANCARLO B，DANIELE F，et al. Physical and chemi-

cal characterization of representative samples of recycled rubber from end-of-life tires[J]. Chemosphere,2017,184:1320-1326.

[48] ELENIEN K F A,ABDEL-WAHAB A,ELGAMSY R,et al. Assessment of the properties of PP composite with addition of recycled tire rubber. [J]. Ain Shams Engineering Journal,2018,9(4):3271-3276.

[49] 郭磊,杨洪于,袁浪,等.废橡胶再生精炼补充工艺[J].青岛科技大学学报（自然科学版),2017,38(3):99-105.

[50] 徐世传.改性技术在轮胎再生胶中的应用[J].中国橡胶,2019,35(4):46-52.

[51] 徐世传.轮胎再生胶的无油化改性技术与应用[J].轮胎工业,2020,40(2):67-70.

[52] 王燕,贾逸帆.REACH 高度关注物质 SVHC 简介及物质检测方法解析[J].科技创新导报,2016,13(9):66-68.

[53] PATIL P S,DABADE U A. Selection of bearing material to comply RoHS regulations as per EU directive:a review[J]. Materials Today:Proceedings,2019,19:528-531.

[54] 王国全.聚合物共混改性原理与应用[M].北京:中国轻工业出版社,2007.

[55] 游长江.橡胶并用与橡塑共混[M].北京:化学工业出版社,2014:1-27.

[56] ZHU L,PAN Y R,TIAN X L,et al. Continuous preparation and properties of silica/rubber composite using serial modular mixing[J]. Materials,2019,12(19):942-951.

[57] 郭建华.氟橡胶/硅橡胶共混胶的制备、结构与性能研究[D].广州:华南理工大学,2009:19-23.

[58] 陈耀庭.橡塑并用共混原理及应用系统讲座（二)[J].橡胶工业,2018,11:30-35.

[59] 吴新妮.氯化丁基橡胶/顺丁橡胶的共混加工研究[D].汉中:陕西理工学院,2016:6-12.

[60] PHATCHARASIT K,TAWEEPREDA W,PHUMMOR P. Mechanical and morphological properties of sulfur-cured natural rubber/polyethylene/epoxidized natural rubber blends[J]. Key Engineering Materials,2017,757:14-18.

[61] 康冰,王利刚,李笑江,等.NC/PEG 共混体系的相容性研究[J].火炸药学

报,2014,37(6):75-78.

[62] LI Y H,ZHAO S H,WANG Y Q. Improvement of the properties of natural rubber/ground tire rubber composites through biological desulfurization of GTR [J]. Journal of Polymer Research, 2012, 19 (5): 9864-9871.

[63] YIN B,WEN Y W,JIA H B,et al. Synergistic effects of hybridization of carbon black and carbon nanotubes on the mechanical properties and thermal conductivity of a rubber blend system[J]. Journal of Polymer Engineering,2017,37(8):785-794.

[64] DONG H H,LUO Y F,LIN J,et al. Effects of modified silica on the co-vulcanization kinetics and mechanical performances of natural rubber/styrene-butadiene rubber blends[J]. Journal of Applied Polymer Science, 2020,137(26): 1785-1794.

[65] YU L J,AHMAD S H,KONG I,et al. Magnetic,thermal stability and dynamic mechanical properties of beta isotactic polypropylene/natural rubber blends reinforced by NiZn ferrite nanoparticles[J]. Defence Technology,2019,15(6):958-963.

[66] LEE J Y,KWON S H,CHIN I J,et al. Toughness and rheological characteristics of poly(lactic acid)/acrylic core-shell rubber blends[J]. Polymer Bulletin,2019,76(11):5483-5497.

[67] 胡海华,何连成,杨明辉,等.顺丁橡胶/丁苯橡胶共混胶的性能[J].合成橡胶工业,2019,42(6): 479-482.

[68] KOMALAN C,POOTHANARI M A,J MARIA H,et al. Effect of blend ratio and compatibilisation on the electrical and dielectric properties of nylon copolymer (6,66)/EPDM rubber blends[J]. Polymer Engineering & Science,2019,59(11):2195-2201.

[69] 武卫莉,陈喆.硅橡胶/氟橡胶并用胶的制备及力学性能[J].高分子通报,2017(9):33-39.

[70] MENSAH B,AGYEI-TUFFOUR B,NYANKSON E,et al. Preparation and characterization of rubber blends for industrial tire tread fabrication [J]. International Journal of Polymer Science,2018,2018:1-12.

[71] HUANG L H,YANG X X,GAO J H. Pseudo elastic analysis of carbon

reinforced natural/styrene-butadiene blend rubber（NSBR）with Ogden constitutive model[J]. Materials Science Forum,2018,928:20-25.

[72] 汪恒,夏茹,陈鹏,等.氟橡胶/甲基乙烯基硅橡胶共混胶的性能[J].合成橡胶工业,2019,42(6)：440-444.

[73] ZEDLER Ł,COLOM X,CAŇAVATE J,et al. Investigating the impact of curing system on structure-property relationship of natural rubber modified with brewery by-product and ground tire rubber[J]. Polymers,2020, 12(3):545.

[74] DU P,WANG X N,TUO J Z,et al. Research on the effect of vulcanizing agent and vulcanizing process on the properties of sealing gasket[J]. Journal of Physics:Conference Series,2019,1213(5):052031.

[75] CHEN L J,GUO X H,LUO Y F,et al. Effect of novel supported vulcanizing agent on the interfacial interaction and strain-induced crystallization properties of natural rubber nanocomposites[J]. Polymer, 2018, 148: 390-399.

[76] 胡涛,王广克,王雅静,等.双金属稀土促进剂对丁苯橡胶/天然橡胶胎面胶的影响[J].合成橡胶工业,2020,43(2)：123-128.

[77] 刘万兴.次磺酰胺类硫化促进剂 NS 的合成工艺研究[J].云南化工,2019, 46(4):54-55.

[78] ABDEL ZAHER K S,EL-SABBAGH S H,ABDELRAZEK F M,et al. Utility of zinc (lignin/silica/fatty acids) complex driven from rice straw as antioxidant and activator in rubber composites[J]. Polymer Engineering & Science,2019,59(增刊):196-205.

[79] 张小杰,周睿,孙鹏,等.新型复配活化剂在废轮胎胶粉再生中的应用[J].橡胶工业,2017,64(6)：344-348.

[80] 陈昊诚,董瑞宝,王文玉,等.丁腈橡胶序列结构对其硫化速率及力学性能的影响[J].高分子材料科学与工程,2019,35(7)：9-12.

[81] HE Q,WANG G F ,ZHANG Y,et al. Thermo-oxidative ageing behavior of cerium oxide/silicone rubber [J]. Journal of Rare Earths,2020,25(1): 346-444.

[82] KANEKO T,ITO S,MINAKAWA T ,et al. Degradation mechanisms of silicone rubber under different aging conditions[J]. Polymer Degradation

and Stability,2019,168:108936.

[83] 刘志坚,王小萍,贾德民.天然橡胶/蒙脱土/白炭黑纳米复合材料老化性能的研究[J].弹性体,2009,19(3):40-44.

[84] 郑骏驰.纳米二氧化硅的表面修饰及其对天然橡胶复合材料结构与性能的影响[D].北京:北京化工大学,2018:72-79.

[85] SONG Y H,ZENG L B,ZHENG Q. Understanding the reinforcement and dissipation of natural rubber compounds filled with hybrid filler composed of carbon black and silica[J]. Chinese Journal of Polymer Science,2017,35(11):1436-1446.

[86] 边慧光,王红.不同种类裂解炭黑的橡胶分散性及补强性能[J].弹性体,2019,29(6):12-16.

[87] 吕庆,邱鼎峰,肖建斌.三元乙丙橡胶环保阻燃密封件胶料的研究[J].橡胶工业,2018,65(6):681-684.

[88] 张璞,邹华,安琪,等.采用微波脱硫罐制备三元乙丙橡胶再生胶[J].橡胶工业,2017,64(1):47-51.

[89] 丛后罗,孙鹏,王艳秋,等.S-苄基O-乙基黄原酸酯的合成及在废旧橡胶低温再生中的应用[J].合成橡胶工业,2017,40(4):296-299.

[90] CHIEFARI J,CHONG Y K,ERCOLE F,et al. Living free-radical polymerization by reversible Addition-Fragmentation chain transfer:the RAFT process[J]. Macromolecules,1998,31(16):5559-5562.

[91] 王廷山,李永新,张万清,等.再生胶对农业轮胎胎面胶性能的影响[J].轮胎工业,2008,28(3):162-164.

[92] 丁文丽,吴爱芹,王超.红外光谱法鉴别轮胎配方中的乳聚和溶聚丁苯橡胶[J].弹性体,2017,27(6):63-67.

[93] KWAG G H,KIM S M,JANG Y C,et al. High 1,4-cispolybutadiene polyurethane copolymer and preparation method thereof:72476952[P].2007-06-10.

[94] TAKUO S,KATSUTOSHI N,IWAKAZU H,et al. Method of producing conjugated diene polymers:6255416[P].2001-02-25.

[95] LE GAL A,GUY L,ORANGE G,et al. Modelling of sliding friction for carbon black and silica filled elastomers on road tracks[J]. Wear,2008,264(7/8):606-615.

［96］RAJAN V V,DIERKES W K,JOSEPH R,et al. Science and technology
of rubber reclamation with special attention to NR-based waste latex
products［J］. Progress in Polymer Science,2006,31(9):811-834.

［97］MITRA S,GHANBARI-SIAHKALI A,KINGSHOTT P,et al. Chemical
degradation of fluoroelastomer in an alkaline environment［J］. Polymer
Degradation and Stability,2004,83(2):195-206.

［98］RAJAN V V,DIERKES W K,JOSEPH R,et al. Effect of diphenyldisul-
fides with different substituents on the reclamation of NR based latex
products［J］. Journal of Applied Polymer Science, 2007, 104 (6):
3562-3580.

［99］张兆红,徐云慧,邢立华. 炭黑与 NR/BR/EPDM 共混胶混炼工艺研究
［J］. 弹性体,2011,21(5):60-63.

［100］翁国文,刘琼琼. 橡胶物理机械性能测试［M］. 北京:化学工业出版
社,2018.

［101］聂恒凯. 橡胶通用工艺［M］. 北京:化学工业出版社,2009.

［102］TAN J,WEN J,YU Q. Compatibility of polyamide 66/phenoxy blending
system［J］. Polymer materials science and engineering,2014,33(12):
742-747.

［103］LUO Z L,JIANG J W. Molecular dynamics and dissipative particle dy-
namics simulations for the miscibility of poly(ethylene oxide)/poly(vi-
nyl chloride) blends［J］. Polymer,2010,51(1):291-299.

［104］WITINUNTAKIT T,KIATKAMJORNWONG S,POOMPRADUB S.
Dichlorocarbene modified butadiene rubber (DCBR):preparation,kinet-
ic study,and its properties in natural rubber/DCBR blend vulcanizates
［J］. Polymers for Advanced Technologies,2018,29(1):649-657.

［105］MI č ICOVÁ Z,BOŽEKOVÁ S,PAJTÁŠOVÁ M,et al. Effect of ben-
tonite modified by silane on rubber blends properties［J］. MATEC Web
of Conferences,2018,157:07006.

［106］WU W L,HUANG H. Styrene butadiene rubber/silicone rubber blends
filled with dough moulding compound［J］. Journal of Macromolecular
Science,Part B,2019,58(2):330-340.

［107］SUBHAN S,THAKSAPORN B, VIBHAVADI P,et al. Compatibilization of poly(vinylidene fluoride)/natural rubber blend by poly(methyl methacrylate) modified natural rubber[J]. European Polymer Journal, 2018,107:132-142.

[108] 牟悦兴,杨凤,康海澜,等.混炼工艺对杜仲/天然并用胶性能的影响[J].高分子材料科学与工程,2018,34(9):108-114.

[109] HAQUE M M,KHAN A,UMAR K,et al. Synthesis,characterization and photocatalytic activity of visible light induced Ni-doped TiO$_2$[J]. Energy and Environment Focus,2013,2(1):73-78.

[110] ZHANG Z Z,LUO Z S,YANG Z P,et al. Band-gap tuning of N-doped TiO$_2$ photocatalysts for visible-light-driven selective oxidation of alcohols to aldehydes in water[J]. RSC Advances,2013,3(20):7215-7218.

[111] 王柏昆,丁浩.煅烧高岭土-TiO$_2$复合材料的制备及表征[J].中国粉体技术,2010,16(2):22-26.

[112] ASAHI R,MORIKAWA T,OHWAKI T,et al. Visible-light photocatalysis in nitrogen-doped titanium oxides[J]. Science,2001,293(5528):269-271.

[113] 吕珺,何早阳,吴玉程,等.云母负载纳米二氧化钛的制备及光催化性能[J].材料热处理学报,2010,31(12):19-23.

[114] 张军,许向阳,韩帅,等.绢云母表面氧化钛和氧化硅复合负载及其光催化性能初探[J].矿冶工程,2016,36(3):102-106.

[115] 侯喜锋,丁浩,杜高翔,等.机械力化学法制备绢云母/TiO$_2$复合颗粒材料的机理研究及表征[J].北京工业大学学报,2013,39(9):1413-1419.

[116] 王力,高登征,刘丽华,等.担载有二氧化钛层的无机非金属矿物复合材料及制备方法:CN111604043A[P]. 2020-09-01.

[117] REN M,YIN H B,LU Z Z,et al. Evolution of rutile TiO$_2$ coating layers on lamellar sericite surface induced by Sn^{4+} and the pigmentary properties[J]. Powder Technology,2010,204(2/3):249-254.

[118] OHYA T,ITO M,YAMADA K,et al. Aqueous titanate sols from Ti alkoxide-α-hydroxycarboxylic acid system and preparation of titania films from the sols[J]. Journal of Sol-Gel Science and Technology,2004,30(2):71-81.

[119] REN M,YIN H B,LU Z Z,et al. Effect of La^{3+} on evolution of TiO$_2$

coating layers on lamellar sericite and their pigmentary properties[J]. Transactions of Nonferrous Metals Society of China, 2009, 19 (3): 626-634.

[120] IRIE H, WATANABE Y, HASHIMOTO K. Nitrogen-concentration dependence on photocatalytic activity of $TiO_{2-x}N_x$ Powders[J]. The Journal of Physical Chemistry B, 2003, 107(23):5483-5486.

[121] SHI J, WANG X D. Growth of rutile titanium dioxide nanowires by pulsed chemical vapor deposition[J]. Crystal Growth & Design, 2011, 11 (4):949-954.

[122] PRADO R, BEOBIDE G, MARCAIDE A, et al. Development of multifunctional Sol-gel coatings: Anti-reflection coatings with enhanced self-cleaning capacity[J]. Solar Energy Materials and Solar Cells, 2010, 94 (6):1081-1088.

[123] 翁国文, 聂恒凯. 橡胶物理机械性能测试[M]. 北京:化学工业出版社, 2009:124-133.

[124] TOSHIHIKO K, KAZUHIKO S, MASAYASUA R, et al. Microstructure and hydrogen absorption-desorption properties of $Mg-TiFe_{0.92}$ $Mn_{0.08}$ composites prepared by wet mechanical milling[J]. Journal of Alloys and Compounds, 2004, 375(1/2):283-291.

[125] YANG J, MEI S, FERREIRA J M F. Hydrothermal processing of nano-crystalline anatase films from tetraethylammonium hydroxide peptized titania sols[J]. Journal of the European Ceramic Society, 2004, 24(2): 335-339.

[126] OHYA T, ITO M, YAMADA K, et al. Aqueous titanate sols from Ti alkoxide-α-hydroxycarboxylic acid system and preparation of titania films from the sols[J]. Journal of Sol-Gel Science and Technology, 2004, 30(2):71-81.

[127] 赵宜武, 邹华, 田明, 等. 导电炭黑/三元乙丙橡胶电磁屏蔽复合材料的性能研究[J]. 橡胶工业, 2015, 62(1): 5-9.

[128] 徐玉朵, 郑书军, 高福年, 等. 耐臭氧及耐乙醇汽油和耐甲醇汽油丁腈橡胶/聚氯乙烯共混胶的配方优化设计[J]. 橡胶科技, 2018, 16(3):35-39.

[129] 全国橡胶与橡胶制品标准化技术委员会通用试验方法分会. 硫化橡胶或

热塑性橡胶 耐臭氧龟裂 静态拉伸试验:GB/T 7762—2014[S].北京:中国标准出版社,2015.

[130] 屠幼萍,佟宇梁,王倩,等.湿度对 HTV 硅橡胶臭氧老化特性的影响[J].高电压技术,2011,37(4):841-845.

[131] 徐隽骁,廖建和,黄贞,等.2-巯基苯并噻唑恒粘高性能天然橡胶耐臭氧老化的研究[J].热带作物学报,2017,38(6):1113-1119.

[132] 张朋朋.防老剂在橡胶中的应用性能评价研究[D].北京:北京化工大学,2018:50-58.

[133] 高天奇,王兆波.轿车轮胎耐臭氧老化性能研究[J].青岛科技大学学报(自然科学版),2018,39(增刊):88-91.

[134] 王小蕾.集成橡胶 SIBR 热氧、臭氧老化过程的研究[D].青岛:青岛科技大学,2014:14-20.

[135] 陈慧,刘燕平.防老剂 L 对橡胶臭氧老化防护效果的应用研究[J].中国橡胶,2014,2:159-164.

[136] 潘锐贤.稀土配合物橡胶防老剂的负载与复配研究[D].广州:华南理工大学,2012:9-12.

[137] 卜少华.异戊橡胶的老化与防老化研究[D].北京:北京化工大学,2012:24-26.

[138] 杨清芝.现代橡胶工艺学[M].北京:中国石化出版社,1997:247-346.

[139] BRUDER F,BRENN R. Spinodal decomposition in thin films of a polymer blend[J]. Physical Review Letters,1992,69(4):624-627.

[140] SHELDRICK G M. Crystal structure refinement with SHELXL[J]. Acta Crystallographica Section C,2015,71(1):3-8.

[141] SPEK A L. Single-crystal structure validation with the program PLATON[J]. Journal of Applied Crystallography,2003,36(1):7-13.

[142] STYLIANOU K C,HECK R,CHONG S Y,et al. A guest-responsive fluorescent 3D microporous Metal-Organic framework derived from a long-lifetime pyrene core[J]. Journal of the American Chemical Society,2010,132(12):4119-4130.

[143] FIGUEIRA-DUARTE T M,MÜLLEN K. Pyrene-based materials for organic electronics[J]. Chemical Reviews,2011,111(11):7260-7314.

[144] SASABE H,KIDO J. Multifunctional materials in high-performance

OLEDs:challenges for solid-state lighting[J]. Chemistry of Materials, 2011,23(3):621-630.

[145] GINGRAS M,PLACIDE V,RAIMUNDO J M,et al. Polysulfurated pyrene-cored dendrimers: luminescent and electrochromic properties[J]. Chemistry - A European Journal,2008,14(33):10357-10363.

[146] HUANG J,TANG R L,ZHANG T,et al. A new approach to prepare efficient blue AIE emitters for undoped OLEDs[J]. Chemistry-A European Journal,2014,20(18):5317-5326.

[147] CHERCKA D,YOO S J,BAUMGARTEN M,et al. Pyrene based materials for exceptionally deep blue OLEDs[J]. Journal of Materials Chemistry C,2014,2(43):9083-9086.

[148] LIU Y L,SHAN T,YAO L,et al. Isomers of pyrene-imidazole compounds:synthesis and configuration effect on optical properties[J]. Organic Letters,2015,17(24):6138-6141.

[149] NIKO Y,SASAKI S,NARUSHIMA K,et al. 1-,3-,6-,and 8-tetrasubstituted asymmetric pyrene derivatives with electron donors and acceptors:high photostability and regioisomer-specific photophysical properties[J]. The Journal of Organic Chemistry,2015,80(21):10794-10805.

[150] ZHANG R,ZHAO Y,ZHANG T F,et al. A series of short axially symmetrically 1,3,6,8-tetrasubstituted pyrene-based green and blue emitters with 4-tert-butylphenyl and arylamine attachments[J]. Dyes and Pigments,2016,130:106-115.

[151] ZHANG R,ZHANG TF,XU L,et al. A new series of short axially symmetrically and asymmetrically 1,3,6,8-tetrasubstituted pyrenes with two types of substituents:Syntheses,structures,photophysical properties and electroluminescence[J]. Journal of Molecular Structure,2017, 1127:237-246.

[152] HU J Y,FENG X,TOMIYASU H,et al. Synthesis and fluorescence emission properties of 1,3,6,8-tetraarylpyrenes[J]. Journal of Molecular Structure,2013,1047:194-203.

[153] ZHANG R,HAN F F,ZHANG L F. Crystal structure of 2-(4-methylbenzoyl) pyrene, $C_{24}H_{16}O$ [J]. Zeitschrift Für Kristallographie-New

Crystal Structures,2016,231(3):855-857.

[154] LAALI K K,ARRICA M A,OKAZAKI T,et al. Synthesis and stable-ion studies of regioisomeric acetylnitropyrenes and nitropyrenyl carbinols and GIAO-DFT study of nitro substituent effects on α-pyrenyl carbocations[J]. European Journal of Organic Chemistry,2008,2008(36):6093-6105.

[155] CABRAL L I L,HENRIQUES M S C,PAIXÃO J A,et al. Synthesis and structure of 2-substituted pyrene-derived scaffolds[J]. Tetrahedron Letters,2017,58(48):4547-4550.

[156] SUZUKI S,TAKEDA T,KURATSU M,et al. Pyrene-dihydrophenazine bis(radical cation) in a singlet ground state[J]. Organic Letters,2009,11(13):2816-2818.

[157] MIAO B X,TANG X X,ZHANG L F. Crystal structure of pyrene-2-carbaldehyde,$C_{17}H_{10}O$[J]. Zeitschrift Für Kristallographie-New Crystal Structures,2018,233(4):655-657.

[158] MARTINEZ C R,IVERSON B L. Rethinking the term "pi-stacking"[J]. Chemical Science,2012,3(7):2191.

[159] 苗保喜. 芘基醛和酮的合成[D]. 徐州:中国矿业大学,2014:13-62.

[160] NIKO Y,SASAKI S,NARUSHIMA K,et al. 1-,3-,6-,and 8-tetrasubstituted asymmetric pyrene derivatives with electron donors and acceptors:high photostability and regioisomer-specific photophysical properties[J]. The Journal of Organic Chemistry,2015,80(21):10794-10805.

[161] ZHANG R,ZHAO Y,ZHANG T F,et al. A series of short axially symmetrically 1,3,6,8-tetrasubstituted pyrene-based green and blue emitters with 4-tert-butylphenyl and arylamine attachments[J]. Dyes and Pigments,2016,130:106-115.

[162] SIRISINHA C,PRAYOONCHATPHAN N. Study of carbon black distribution in BR/NBR blends based on damping properties:influences of carbon black particle size,filler,and rubber polarity[J]. Journal of Applied Polymer Science,2001,81(13):3198-3203.

[163] ZHENG W J,LIU Y,GAO Z L,et al. Just-in-time semi-supervised soft sensor for quality prediction in industrial rubber mixers[J]. Chemomet-

rics and Intelligent Laboratory Systems,2018,180:36-41.

[164] HU P,CHEN Q,ZHANG T Y,et al. Investigation on thermal aging and scaling of NBR in alkaline solution[J]. Wuhan University Journal of Natural Sciences,2009,14(1):65-69.

[165] XIAO J B,WANG L,ZHAO KY,et al . Preparation and properties of nitrile rubber/ethylene propylene diene monomer blends[J]. China Synthetic Rubber Industry,2018,41: 451-454 .

[166] CHEN Y Y,YI J,DENG T. Effect of no ZnO S/TCY curing system on ACM/NBR blends performance[J]. China Rubber/Plastics Technology and Equipment (Rubber),2016,42: 67-72.

[167] ZHAO X Y,YANG J N,ZHAO D T,et al. Natural rubber/nitrile butadiene rubber/hindered phenol composites with high-damping properties [J]. International Journal of Smart and Nano Materials,2015,6(4):239-250.

[168] WANG J,KANG H L,YANG F,et al. Properties of eucommia ulmoides gum/nitrile rubber blends under different environment[J]. China Synthetic Rubber Industry,2017,40: 315-319.

[169] NAKARAMONTRI Y,NAKASON C,KUMMERLÖWE C,et al. Influence of modified natural rubber on properties of natural rubber-carbon nanotube composites[J]. Rubber Chemistry and Technology,2015,88(2):199-218.

[170] ZHANG Z X,DENG T. Types of anti-aging agent on the aging properties of EPDM/FKM[J]. Journal of Qing dao University of Science and Technology(Natural Science Edition),2018,38: 69-75.

[171] ONYEAGORO G N. Effect of zinc oxide level and blend ratio on vulcanizate properties of blend of natural rubber and acrylonitrilebutadiene rubber in the presence of epoxidized natural rubber[J]. Academic Research International,2012,3: 499-509.

[171] ONYEAGORO G N. Effect of zinc oxide level and blend ratio on vulcanizate properties of blend of natural rubber and acrylonitrile- butadiene rubber in the presence of epoxidized natural rubber[J]. Academic Research International,2012,3: 499-509.

［172］ ZHAO S W,QIAN J S,MIAO J B,et al. Study on modification of hy-droxide flame retardant and its effect on EPR/MVPQ blend［J］. New Chemical Materals,2018,46：123-132.

［173］ 满忠标. NR 硫磺硫化体系抗硫化返原性能的研究［D］. 上海：上海工程技术大学,2012:21-25.